国家食用菌产业技术体系栽培技术丛书

灵芝栽培实用技术

（第2版）

LINGZHI

ZAIPEI SHIYONG JISHU

谭 伟　魏银初　安秀荣　郑巧平 主编

中国农业出版社

北 京

图书在版编目（CIP）数据

灵芝栽培实用技术 / 谭伟等主编. -- 2 版. -- 北京 ：中国农业出版社，2025. 3. --（国家食用菌产业技术体系栽培技术丛书）. -- ISBN 978-7-109-33065-8

Ⅰ. S567.3

中国国家版本馆 CIP 数据核字第 2025J9R323 号

灵芝栽培实用技术

LINGZHI ZAIPEI SHIYONG JISHU

中国农业出版社出版

地址：北京市朝阳区麦子店街 18 号楼

邮编：100125

责任编辑：李　瑜　舒　薇

版式设计：王　晨　　责任校对：张雯婷

印刷：中农印务有限公司

版次：2011 年 6 月第 1 版　2025 年 3 月第 2 版

印次：2025 年 3 月北京第 1 次印刷

发行：新华书店北京发行所

开本：880mm×1230mm　1/32

印张：4.25　　插页：8

字数：132 千字

定价：35.00 元

第2版编著人员名单

主　　编　谭　伟　魏银初　安秀荣　郑巧平

编著人员　谭　伟　魏银初　安秀荣　郑巧平
　　　　　魏云辉　王　鑫　陈　剑　李小林
　　　　　张　波　周　洁　叶　雷　班新河
　　　　　孙联合　史红鸽　王庆武　丛倩倩
　　　　　曾凡清　薛振文　胡　佳　胡志强

第1版编写人员名单

主　　编　郑林用　魏银初
　　　　　安秀荣　刘德云
参编人员　罗　霞　班新河
　　　　　王庆武　曾凡清

第2版序

时光飞逝，转眼之间，国家食用菌产业技术体系栽培功能实验室编写的“国家食用菌产业技术体系栽培技术丛书”已经出版十四年了！

十四年的光阴已经悄无声息地流逝。十四年前，国家食用菌产业技术体系成立之初，体系栽培功能实验室就组织了一批岗位专家和成员编写了一套食用菌栽培技术丛书，对我国生产量较高、栽培区域较广、对菇农影响较大的香菇、平菇、黑木耳、双孢蘑菇、金针菇、灵芝、珍稀食用菌等种类的栽培技术进行了归纳、总结和提炼。

如今，十四年的时间过去了，当年编写的这套丛书在不同食用菌主产区传播，促进了广大菇农生产技术的提升，也为食用菌区域化标准化栽培模式的推广起到积极的推动作用。

十四年间，香菇持续保持产量第一，同时在我国食用菌总产量的占比不断提升。在我国精准扶贫攻坚战中发挥了重要作用，据统计，我国一半的国家级脱贫县选择了香菇作为脱贫支柱产业。

十四年间，黑木耳已经跃居成为我国第二大栽培食用菌种类，成为消费最为广泛的食用菌品种。习总书记盛赞“小木耳，大产业”，不仅是木耳产业的荣耀，更是全体食用菌人心中飘扬的旗帜！

十四年间，我国金针菇栽培方式已经完全实现从农法栽培向工厂化栽培的转变，并成为我国工厂化栽培方式产量第一的食用菌种类。数家栽培企业依靠金针菇工厂化栽培成功上市，谱写了一曲曲乡村振兴产业兴旺的凯歌。

十四年间，灵芝已经成为我国药用菌产业的领头羊，灵芝深加工产业链不断延伸，年产值达数百亿元，成为我国食用菌深加工的典范和榜样，灵芝栽培在我国多个主产区成为富民强农的重点产业。

十四年间，双孢蘑菇、杏鲍菇、真姬菇、灰树花、大球盖菇等多个本丛书所涉及的栽培种类也都发生了巨大变化。

十四年间，岁月如梭，变化很多，但是食用菌栽培承担巩固拓展脱贫攻坚成果、接续推进乡村振兴的历史任务没有变；食用菌产业蓬勃发展，在循环农业、健康农业中发挥的独特价值没有变；产业技术体系专家们勇担社会责任、服务三农的初心使命没有变。

正是在这种不变的责任和初心的感召下，体系组织专家力量再版“国家食用菌产业技术体系栽培技术丛书”，根据形势变化，重新编写丛书内容。考虑到该套丛书主要针对菇农，所以移出了以工厂化生产为绝对主导的金针菇和以企业运营为主、生产模式较为统一的双孢蘑菇。同时，根据手机使用的普及，增加了“扫码看视频、学技术”的内容，使得大家更加直观、快速地掌握栽培技术。

道路漫漫，任重道远。我国食用菌产业发展需要一代一代食用菌人的持续奋斗，也需要接续培养新一代的技术骨干和种菇能手，希望本再版丛书能够与时俱进，发挥培养一代新人的作用。

国家食用菌产业技术体系　谭琦

2024 年 4 月

第1版序

食用菌产业是伴随着我国改革开放的步伐发展起来的。1978年全国食用菌产量仅6万吨，占世界总产量的5.7%。改革开放后，食用菌产业凭借“不与人争粮、不与粮争地、不与农争时，投资小、见效快、零污染”等优势，犹如星星之火，在全国迅速燎原。2009年我国食用菌产量已达2 020万吨，占世界总产量的80%左右，产值达1 103亿元，在种植业中仅次于粮、棉、油、菜、果，排名第六，全国从业人员超过了2 500万人，中国已成为世界食用菌生产的大国。

在食用菌产业蓬勃发展之时，国家食用菌产业技术体系成立了，这无疑将为整个产业起到强有力的技术支撑作用。在这个平台的支持下，岗位专家对全国各地食用菌生产进行了系统调研，在其他岗位专家、综合试验站、生产基地的大力支持下，栽培功能室的专家结合自身工作，对我国生产量最大的平菇、香菇、木耳、双孢蘑菇、金针菇及灵芝、珍稀食用菌的栽培技术进行了归纳、总结和提炼，编写出适合不同主产区生产的系列实用丛书，以供广大菇农学习、借鉴，促进食用菌区域性标准化栽培模式的加速推广，为我国食用菌产业的稳步提升做出贡献。

国家食用菌产业技术体系栽培功能实验室

2010年10月

前言

灵芝属于大型真菌，是我国著名的中药材。《中华人民共和国药典》记载灵芝具有“补气安神、止咳平喘”功能，主治“心神不宁、失眠心悸、肺虚咳喘、虚劳短气、不思饮食”病征。现代医学研究表明，灵芝中的多糖、三萜及甾醇是主要活性成分，有益于人体健康，具有防病治病的功效。以往在药店里可见的灵芝药材多为菌盖的切片，如今市面上可见的灵芝产品多以保健品和药品形式出现。

保健食品消费量与经济发展水平密切相关，日本、韩国等经济发达国家已经大量地消费灵芝医药保健品。随着我国经济不断发展，居民经济收入越来越高，注重身体健康的保健意识随之增强，许多中老年人已经频繁消费灵芝保健品，市场对灵芝产品的需求量必将持续增加，灵芝产品市场前景随之看好。

我国是灵芝栽培量最多的国家。据中国食用菌协会统计，2020年全国灵芝总产量（鲜品）189 633.66吨。灵芝生产目前主要有“短段木熟料发菌荫棚出芝”和“代料熟料袋式荫棚出芝”两种栽培模式。灵芝栽培与大宗农作物栽培相比，具有经济效益高的优点。栽培灵芝已经成为了许多地方农户增收致富的重要路径。

多年来，我国灵芝科技工作者对灵芝栽培技术体系进行了深入研究，选育栽培新品种，创新栽培新设施、新方法和新模式，优化集成高效栽培技术，取得了增产、提质和增效的效果，有力地支撑了灵芝产业发展。灵芝生产一线的许多栽培者将高效栽培技术与自身积累的生产经验相结合，有效地提高了生产效益。科技和生产工作者共同推动着我国灵芝产业持续发展。

国家食用菌产业技术体系专家根据最新研发的灵芝生产技术，结合各地生产实际和技术需求，以“降本增效、提质增收和丰产稳产”为目标，编写“国家食用菌产业技术体系栽培技术丛书”之《灵芝栽培实用技术（第2版）》。本书技术内容新颖、先进、实用，倡导机械化作业和使用新型栽培基质、环保型灭菌设施，倡导安全预防病虫害，体现轻简化绿色生态栽培特点；对专业术语加以科学注释，文字图表并茂、通俗易懂。适合广大基层农技人员、灵芝种植企业、专业合作社、家庭农场和农户等学习、参考和借鉴。

本书作为实用技术科普图书，参考和引用了业界多位专家学者一些公开发表的著作、论文和成果等，在此表示由衷感谢；在编写和出版中得到了国家食用菌产业技术体系及各地创新团队专家和同仁，以及中国农业出版社领导和专家的亲切指导、热情鼓励、大力支持和友情帮助，借此一并表示衷心感谢！希望本书的出版对读者有所裨益，能够为促进我国灵芝产业持续健康发展和助力乡村振兴发挥应有的作用。同时，若有不妥之处，敬请读者批评指正！

编著者

2024年10月18日

目 录

08 第八章 吉林省灵芝段木栽培 91

扫码看视频、学技术

灵芝短段木栽培关键技术操作视频

（微信扫一扫，即可观看）

视频 1
段木制作

视频 2
装袋灭菌

视频 3
冷却接种

视频 4
发菌管理

视频 5
脱袋覆土

视频 6
出芝管理

视频 7
适时采收

视频 8
干燥分级

第一章

灵芝概述

灵芝是自然界中的大型真菌，对人体具有扶正固本、增强机体免疫力等多种功效。灵芝在我国古代作为贵重中药材使用，现代主要作为药品和保健食品加以利用。灵芝药理作用是其所含灵芝多糖、灵芝三萜等生物活性成分所致。我国栽培灵芝历史悠久，目前主要开展段木栽培和代料栽培，已发展成世界上灵芝生产量和出口量最大的国家，灵芝产品不仅内销还出口日本、韩国等国家和地区。今后我国灵芝栽培技术将朝着推广使用优良栽培品种、应用优势原料新型基质、使用高效生产机械设施、采用降本提质增效技术等方向发展。

一、分类地位

灵芝（*Ganoderma* spp.）又称木灵芝、菌灵芝、灵芝草等，在分类学上属真菌界、担子菌门、伞菌纲、多孔菌目、灵芝科、灵芝属。灵芝属中有很多个种，其代表种有赤芝、紫芝和松杉灵芝。科技文献和官方文件中使用灵芝拉丁学名频率最多的种是 *Ganoderma lucidum*（Curtis）P. Karst.。然而，近年分类学家戴玉成等认为，应该将在我国已有 2 000 多年利用历史的灵芝的学名定为 *Ganoderma lingzhi*，中文名称仍采用“灵芝”一词，俗名为“赤芝”。

目前我国灵芝生产上的常见栽培种有赤芝（*G. lingzhi*）（彩图1－1）、紫芝（*G. sinense*）（彩图 1－2）、白肉灵芝（*G. leucocontextum*）

（彩图 1－3）、灵芝泰山－4（鹿角灵芝，*G. amboinense*）（彩图 1－4）和松杉灵芝（*G. tsugae*）等。其中，赤芝栽培的面积或者说生产规模最大，因此，本书后文所指的灵芝除特别说明之外均指赤芝（*G. lingzhi*）。

二、利用价值

我国是世界上最早认识和使用灵芝的国家，已有 2 000 多年的利用历史。人们主要将灵芝作为贵重中药材使用，也将灵芝作为吉祥物加以观赏。

（一）药用价值

1. 古代药学著作记载功效 我国现存最早的药学专著《神农本草经》（约成书于秦汉）将灵芝列为上品，谓赤芝（丹芝），治“胸中结”“明目，补肝气，补中，增智慧……”“久食轻身不老，延年神仙”。明代李时珍（公元 1518—1593 年）著作《本草纲目》等记载，灵芝具有扶正固本作用，可补五脏之气，用于治疗多种疾病。

2. 现代药典文件明确功能 《中华人民共和国药典》（2020 年版，一部）收录了灵芝（赤芝和紫芝子实体），明确指出灵芝功能与主治为“补气安神，止咳平喘。用于心神不宁，失眠心悸，肺虚咳喘，虚劳短气，不思饮食。”《四川省药品监督管理局关于发布〈四川省藏药材标准〉（2020 年版）的公告》（2021 年　第 4 号）将藏灵芝（即白肉灵芝，*G. leucocontextum*）列入《四川省藏药材标准》（2020 年版）目录。

在《国家食品药品监督管理局关于印发〈营养素补充剂申报与审评规定（试行）〉等 8 个相关规定的通告》（国食药监注〔2005〕202 号）中，《真菌类保健食品申报与审评规定（试行）》将灵芝（*G. lucidum*）、紫芝（*G. sinense*）和松杉灵芝（*G. tsugae*）载入“可用于保健食品的真菌菌种名单”，表明我国已经从政策法规层面

肯定了赤芝、紫芝、白肉灵芝和松杉灵芝这 4 个种的药食兼用地位。

另有文献介绍，最新《美国草药药典与治疗概要》(*American Herbal Pharmacopoeia and Therapeutic Compendium*) 也收录了灵芝，表明灵芝的开发利用也受到了美国医药学界的重视（林志彬，2015)。

我国市场上灵芝产品种类繁多，常见灵芝子实体及其切片、灵芝粉（超微粉)、灵芝孢子粉、灵芝孢子油、灵芝提取物等，多以粉剂和胶囊等产品形式出现，属于药品和保健食品监管范畴。

3. 药理作用 现代化学研究证明，灵芝所含多糖类、三萜类、肽类等物质是其主要活性成分。药理研究证明，这些活性物质具有多种药理作用。《中华人民共和国药典》(2020 年版）规定了多糖和三萜及甾醇含量的测定方法，而且要求赤芝和紫芝干燥子实体含灵芝多糖以无水葡萄糖（$C_6H_{12}O_6$）计，不得低于 0.90%；三萜及甾醇以齐墩果酸（$C_{30}H_{48}O_3$）计，不得少于 0.50%。

(1) 灵芝多糖 灵芝多糖是灵芝菌丝体、子实体和孢子粉的次生代谢产物，由肽多糖、葡聚糖、杂多糖等组成。已从灵芝中分离出 200 多种多糖。大量研究证明，灵芝多糖具有抗肿瘤、免疫调节、抗放射与抗化疗、镇静、强心及抗心肌缺血、调节血脂、降血糖、保肝、抗缺氧和抗衰老等药理作用。

(2) 灵芝酸 灵芝酸为三萜类化合物。已分离出灵芝酸 100 多种，如灵芝酸 A、B、C、D、H 等。研究证明，灵芝酸具有抑癌、抗病毒、抑菌、防治心血管疾病、保护肝脏和防治癫痫等药理作用。

(3) 其他成分 从灵芝中分离出的核苷类物质具有很强的抑制血小板凝集、镇静、抗缺氧等药理作用。分离出的甾醇类化合物有 20 种，其中，灵芝胆甾醇类化合物具有神经保护的药理作用。

(二) 观赏价值

我国人民自古以来就有对灵芝的崇拜并形成了独特的“灵芝文化”，视灵芝为上品“仙药”“瑞芝”“瑞草”，敬之为吉祥如意的象征，因此，也有很多人利用灵芝子实体做成摆件、工艺品和盆景（彩图 1－5）等加以欣赏。

三、栽培简史

我国是世界上最早开展灵芝人工栽培的国家，古人在对野生灵芝观察的基础上，探索仿野生栽培。长期以来，科技人员对灵芝开展了不断的研究，已经基本认识了灵芝的生物学特性，掌握了灵芝的生长发育特点，实现了灵芝规模化生产栽培。总体而言，灵芝栽培经历了古代栽培和现代栽培两个发展历程。

（一）古代栽培

我国灵芝栽培可追溯到唐代。农史学者魏露苓（2003）用唐诗“偶游洞府到芝田，星月茫茫欲曙天。虽则似离尘世了，不知何处偶真仙”为证认为，诗中的“芝田”表明这些段木是埋入土中的。明代李时珍《本草纲目》记载“方士以木积湿处，用药傅之，即生五色芝”，该句话中的“用药傅之”可理解为“接种菌种”的意思。

清代陈淏子《花镜》中“道家种芝法，每以糯米饭捣烂，加雄黄、鹿头血，包暴干冬笋，俟冬至日，堆于土中自出。或灌药入老树腐烂处，来年雷雨后，即可得各色灵芝矣。”陈士瑜（1983）认为，上文所说的“药”，实际上是包括淀粉、血粉等碳素和氮素营养以及无机盐的营养补充剂，能改善土壤或腐木的营养条件，在“冬至”后施“药”，可避免高温下发生杂菌污染，有利于灵芝孢子的定殖。

（二）现代栽培

1960 年上海食用菌研究所人工栽培灵芝成功（黄年来等，2010），1969 年中国科学院微生物研究所真菌学研究室灵芝研究组，用现代科学方法和技术，首次成功地人工培育出灵芝正型结盖和释放孢子的子实体，并首次发现空气相对湿度是影响正型结盖的

关键性因子（余永年等，2003）。1987 年泰安市农业科学研究院开始以棉籽壳为主料代料栽培灵芝，在泰安周边及聊城冠县形成规模栽培，产品出口韩国等地。浙江龙泉等地于 20 世纪 90 年代开始灵芝段木栽培，随后，段木栽培成为浙江、福建、四川、江西、吉林和安徽等地灵芝的主要栽培方式。

目前我国灵芝栽培有段木栽培和代料栽培。近 30 年来，业界科技工作者不断开展新品种选育、新型栽培基质研制、轻简化高效栽培技术研发和新产品创制等，大幅度促进了灵芝人工栽培技术的优化提升，形成了较为成熟的现代灵芝段木栽培和代料栽培技术体系，生产应用成效显著，有力支撑了产业持续发展。我国灵芝栽培发展至今，已经形成了较为成熟的“高温灭菌、棚（室）内发菌出芝”农法栽培模式，其栽培技术流程可简要概括为：原料准备→菌棒生产→发菌管理→出芝管理→采收干燥。各灵芝主产区在生产季节、栽培品种、料袋大小和基质配方等方面有一定差异。

我国是世界上灵芝生产量和出口量最大的国家。2020 年全国有 22 个省（自治区、直辖市）栽培灵芝，总产量 189 633.66 吨（中国食用菌协会，2021）。产品出口日本、韩国等国家和地区。2010 年后栽培原材料和劳动力成本大幅上涨，加之灵芝子实体产品单价没有大幅度上升，导致灵芝栽培经济效益明显下滑。今后我国灵芝生产亟须新的优良品种（尤其是活性成分含量高的品种）、新型栽培基质和高效生产机械等，以提高栽培者的效益。

第二章

灵芝生物学特性

栽培灵芝之前，生产者应该对灵芝的生态习性、生长发育特点等生物学特性有所了解，熟悉灵芝生长发育条件，尤其是所需营养物质和环境条件，才能在实际栽培中有的放矢地配制优质培养基质、搭建合理栽培设施、采取相应作业措施，充分满足灵芝健康生长和健壮发育所需条件，促使灵芝优质高产。

一、形态特征

灵芝作为大型真菌，从生物器官组成上看，由营养器官和生殖器官两大部分组成。菌丝体是灵芝的营养器官，呈绒毛“丝”状；子实体是灵芝的生殖器官，由菌盖和菌柄组成，菌盖外观呈肾形、半圆形等，菌盖上可产生孢子。栽培灵芝的目的是获得灵芝子实体（菌盖、菌柄）和孢子。

（一）菌丝体

灵芝的菌丝体是菌丝的集合体，由无数根菌丝组成。菌丝是由管状细胞组成的丝状物，可分为单核菌丝和双核菌丝。单核菌丝由孢子萌发而成，又称初生菌丝，菌丝的每个细胞内只有一个细胞核，无结实能力（即不能形成子实体或不会长出芝来）；双核菌丝是指由两条不同性别的单核菌丝经质配形成具有两个细胞核的菌丝，又称次生菌丝，比单核菌丝粗壮、生长速度快、生命力旺盛，具有结实能力（能够出芝）。因此，从这个角度讲，灵芝栽培所培养的菌丝必

须是双核菌丝。通常将双核菌丝培养在适宜基质上，做成菌种（母种、原种和栽培种）和菌袋、菌棒，并培育出灵芝子实体。

灵芝的双核菌丝有横隔，直径0.8～1.2微米，菌丝尖端较细，中部较粗；较老的菌丝直径8～10微米；多分枝，具有锁状联合（指一种锁状桥接的菌丝结构，或一种状似锁臂的菌丝连接形态，是双核细胞分裂繁殖的一种方式）。灵芝菌丝体在琼脂平板培养基、木屑培养基等基质上（或内）生长形成菌落［指在固体培养基或半固体培养基上（或内）形成的菌丝群体］，整体形态呈棉絮状或绒毛状（彩图2-1）。灵芝的双核菌丝作为营养器官，主要生理功能是分解基质、吸收营养，供灵芝生长发育所需。

（二）子实体

灵芝的子实体是能够产生孢子（繁殖单元）的组织，由菌盖和菌柄两大部分组成（彩图2-2），相当于植物的“果实”。菌盖发育到一定程度会产生孢子。子实体的形成或发生要具备两个条件：一是菌丝体繁殖的数量达到一定程度，二是菌丝体生长的外部环境条件（温度、光照、水分和氧气）适宜。

1. **芝盖** 灵芝的菌盖（指产生孢子的盖状组织结构）又称芝盖，平展盖形，大小为（3～12）厘米×（4～20）厘米，基部近柄处厚可达2.6厘米；幼时浅黄色、浅黄褐色至黄褐色，成熟时黄褐色至红褐色；边缘钝或锐，有时微卷。菌管孔口表面幼时白色，成熟时硫黄色，触摸后变为褐色或深褐色，干燥时淡黄色；近圆形或多角形，每毫米5～6个；边缘薄，全缘。不育边缘明显，宽可达4毫米。肉质呈木材色至浅褐色，双层，上层肉质色浅、下层肉质色深，软木栓质，厚可达1厘米。菌盖背面有菌管，褐色，木栓质，颜色比菌肉深，长可达1.7厘米。菌管内生有孢子，椭圆形，大小为（9～10.7）微米×（5.8～7）微米，顶端平截，浅褐色，双层壁，内壁具小刺（李玉等，2015）。菌盖是灵芝产生孢子的部位，孢子相当于植物的“种子”。

2. **芝柄** 灵芝的菌柄（指上支持菌盖、下连接基质的柱状组织结构）又称芝柄，扁平状或近圆柱状，侧生或偏侧生，幼时橙黄色至浅黄色，成熟时红褐色至紫黑色，长度可达 22 厘米，直径可达 3.5 厘米，中实，组织紧密，木质化。菌柄是菌丝体与菌盖之间的连接组织，起着支撑菌盖和向菌盖输送营养的作用。

二、生活史

灵芝的生活史是指灵芝在一生中所经历的生长、发育和繁殖的全部过程或生活周期，即从孢子开始，经过萌发、生长和发育，最后又产生孢子的过程。了解灵芝的生活史，可根据其不同生活时期的变化特性，采取对应技术措施，有目的地培养出健壮菌丝体，获得优质高产子实体和孢子粉。

（一）生活周期与生活史

灵芝完整的一生，要经历孢子的萌发、单核菌丝的形成、亲和性单核菌丝之间相互融合、双核菌丝的形成、子实体的发生与发育、菌盖上再形成孢子等生活阶段。

灵芝属于异宗结合（指由两个可亲和的单核菌丝相结合，产生子实体的有性繁殖方式）的真菌。其生活史（图 2-1）简单地讲，是从孢子的萌发开始，经历菌丝形成并生长、原基形成与发育，到又产生孢子的循环过程：孢子萌发→单核菌丝形成→亲和性单核菌丝相结合→双核菌丝形成→扭结分化出原基→芝柄和芝盖分化→子实体形成并发育成熟→又产生孢子。

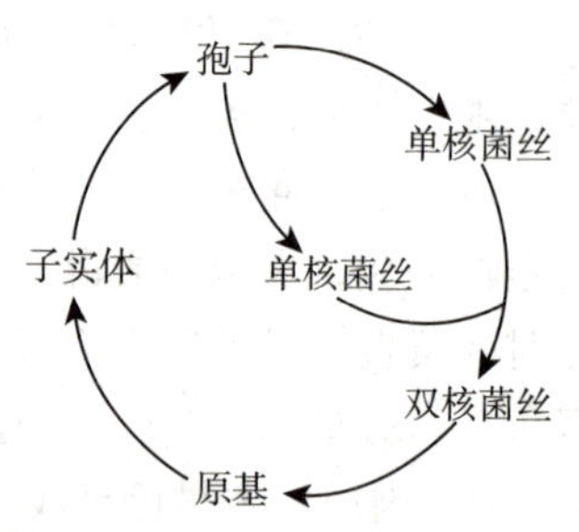

图 2-1 灵芝生活史

（谭伟等，2007）

（二）子实体生长发育过程

灵芝的子实体生长发育是一个形态变化很大的过程（彩图 2-3）。

双核菌丝在基质中以锁状联合方式不断分裂，产生分枝，生长发育至生理成熟，遇到适宜温度、湿度、光照后就会扭结、分化出白色的原基（子实体的原始组织团）；原基分化后，逐渐纵向伸长生长、分化出圆柱状的芝柄，芝柄顶端幼嫩部分黄白色，是其活跃的生长点；芝柄发育到一定程度，生长点横向生长、逐渐分化成肾形或半圆形的菌盖，菌盖边缘的幼嫩、黄白色部位又成为最活跃的生长点。菌盖不断膨大，上表面产生褐色、粉末状细小颗粒，也就是大量孢子聚集而成的孢子粉。菌盖边缘生长点完全消失、黄白色消失时，就标志着子实体发育成熟。人工栽培的灵芝，从原基形成到子实体成熟需要30天左右。

三、生长发育条件

灵芝的生长发育条件是指影响灵芝生存、体积与重量增加、结构与功能变化等的因素，包括营养物质和温度、光照、水分、空气、酸碱度等。了解影响灵芝生长发育的因素，可指导灵芝栽培工作，通过人为措施满足其正常生长发育所需条件，提高灵芝品质和单产。

（一）营养条件

植物体内含有叶绿素，通过光合作用（指绿色植物利用光能，把二氧化碳和水合成为可贮存能量的有机物，同时释放出氧气的过程）将二氧化碳和水转化为有机物，营养方式为自养，属于自养生物（指靠无机营养生活和繁殖的生物）。灵芝属于腐生菌类，体内不含叶绿素，无法进行光合作用制造有机物，靠分解植物遗体中的现成有机物来维持生活，营养方式为异养，属于异养生物（指从外界摄取现成有机物，转变成自身的组成物质并贮存能量的生物）。灵芝主要是对死亡的植物体进行分解、吸收和利用，以合成自身细胞并生长发育。灵芝的营养物质包括碳源、氮源、矿质元素和维生素等。

1. 碳源和氮源

（1）碳源 碳源是指构成灵芝细胞和供给灵芝生长发育能源的

碳素物质，是灵芝最重要的营养物质之一，主要包括葡萄糖、蔗糖和果糖等小分子化合物以及木质素、纤维素和淀粉等大分子化合物。灵芝菌丝细胞可直接吸收利用小分子物质，但不能直接吸收利用大分子物质，大分子物质只能通过菌丝分泌酶被降解为小分子物质后才能被灵芝吸收利用。配制培养基时，阔叶树木材、木屑、棉籽壳、玉米芯等农林副产物均可作为主要的碳素来源物质。

（2）氮源 氮源是指合成灵芝细胞蛋白质和核酸的氮素物质，是最重要的营养物质之一，氮素是灵芝合成菌体蛋白和核酸不可缺少的原料。氮素物质包括氨基酸和尿素等小分子含氮物质和蛋白质等大分子含氮物质。小分子含氮物质可被灵芝直接吸收利用，大分子含氮物质需由菌丝分泌的蛋白酶将其降解为小分子物质后才能被灵芝吸收利用。配制培养基时，多以蛋白胨、酵母粉、麦麸、米糠和豆饼等作为氮素来源物质。

（3）碳氮比（C/N） 碳氮比是指灵芝培养基或培养料中碳与氮的含量比，常用“C/N”表示，是用来衡量培养基质或基料的质量优劣的主要指标。培养料的碳氮比恰当，菌丝生长健壮、生长速度快，子实体商品性状好、产量和生物学效率高。泰山赤灵芝栽培培养基适宜碳氮比为（30.23∶1）～（38.00∶1）（王庆武等，2017）。

2. 矿质元素 矿质元素是指灵芝生长发育中所需的磷、钾、硫、镁、钙等元素，是灵芝生命活动中不可缺少的营养物质，起着构成细胞成分、参与酶活动和调节细胞渗透压等作用。实际栽培配制培养基时，通常是向基质中添加磷酸二氢钾、过磷酸钙、石膏等来满足其需要。此外，灵芝对铁、钴、锰、钼、锌、硼等元素也有需求，但需求量很少，这些微量元素在培养料和天然水中的量即可满足灵芝生长需要，一般无需在培养料中特别添加。

3. 维生素 维生素是维持生命活动所必需的一类有机物质，包括维生素A、B族维生素、维生素C等。灵芝菌丝生长主要需要水溶性维生素，特别是B族维生素。自然条件下，灵芝菌丝可合成B族维生素，但在菌丝侵入基质的初期，其合成维生素的量还不能满足生长和发育需要，此时基质中能有适量维生素尤其是B

族维生素，有益于菌丝生长（林志彬，2015）。

（二）环境条件

灵芝生活所处环境的温度、光照、水分、空气、酸碱度等因素直接影响菌丝生长和子实体发育。

1. 温度　温度是影响灵芝生长发育的重要条件之一。灵芝的孢子萌发、菌丝生长、子实体形成发育和孢子形成等各个时期对温度的要求有所不同。28℃条件下培养48小时，孢子的萌发率最高（与20℃、22℃、25℃、30℃和35℃相比），且萌发率达到70%，28℃是孢子萌发的最适温度（王德芝等，2009）。23～29℃是灵芝菌丝生长的适宜温度，26℃是菌丝生长的最适温度（韦会平等，2005）。25～26℃灵芝原基大量分化发生，是原基分化的适宜温度；28～30℃菌盖生长快（刘素萍等，2002）。野生灵芝子实体多在夏秋季发生，由此可知，灵芝属于高温结实性菌类。在实际栽培中（26±1）℃条件下培养菌丝体，（27±1）℃条件下培育子实体，这对农法栽培利用自然气温生产菌袋（菌棒）的时节安排和发菌管理等具有指导性作用。

2. 光照　按照波长将光质划分为：红光（波长650～700纳米）、黄光（550～600纳米）、绿光（500～550纳米）、蓝光（450～500纳米）和可见光（380～780纳米）。光质影响灵芝菌丝生长和子实体产量。红光、黄光、绿光、蓝光及其不同光照度（400勒克斯、550勒克斯、700勒克斯）均抑制灵芝菌丝生长（田雪梅等，2007）。在自然界中可观察到野生灵芝的菌丝在树木之中（无光线）生长良好，说明菌丝生长喜欢无光照的黑暗条件。因此，培养灵芝菌种和菌棒适宜在无光线照射条件下进行。黄光条件下灵芝子实体每株干重达111.899克，产量高于红光、绿光、蓝光和可见光（对照），比对照高1.55克；蓝光下灵芝孢子单株产量干重达5.25克，高于其他处理，比对照高0.98克，差异达显著水平。据此，若以收获子实体为主要生产目的，则可在子实体发育阶段采用黄光培养；若以收获孢子为主要生产目的，则可在子实体发育阶段采用蓝光培养

（吴惧等，1992）。

光照度（指单位面积上所接收可见光的光通量）对灵芝组织结构分化及发育产生影响。结合有关文献，光照度在20～100勒克斯，灵芝只形成类似菌柄的突起物而不分化出菌盖；在300～1 000勒克斯，菌柄细长、菌盖瘦小；3 000～10 000勒克斯时，菌柄和菌盖生长正常；菌柄和菌盖生长最适的光照度为15 000～50 000勒克斯（谭伟等，2007）。因此，在搭建出芝棚时可覆盖相应遮光度的遮阳网，以使棚内光照度达到15 000～50 000勒克斯。

光照来源方向影响灵芝子实体生长方向。子实体总是朝着光线来源的方向伸长，即子实体生长具有趋光性。在栽培管理中，菇棚四周光线尽量均一，菌棒一旦分化原基就不宜挪动位置，以免造成畸形芝。也可利用其趋光性制作有弯曲子实体的灵芝盆景（谭伟等，2007）。

3. 水分 水是灵芝的重要组成部分，也是灵芝生命活动中必不可少的物质。灵芝吸收和运输营养物质以及物质代谢要依靠水分参与来完成。灵芝主要从生长基质和潮湿空气中获得水分。基质含水量和空气湿度对灵芝生长发育产生重要影响。空气湿度通常以空气相对湿度（指在一定时间内，某处空气中所含水汽量与该气温下饱和水汽量的百分比，可由温湿度表或温湿度记录仪测得）表示。

灵芝菌丝体生长阶段对培养料含水量和对环境空气的湿度要求是不一样的。段木栽培时，段木适宜含水量为33%～45%；代料栽培时培养基质适宜含水量为60%～65%。基质含水量过低，菌丝生长速度慢、细弱；含水量过高，基质中的氧气少，菌丝生长受到抑制。菌丝体生长阶段适宜空气相对湿度为60%～70%，子实体发育和生长阶段适宜空气相对湿度为85%～90%。空气湿度过高，既不利于灵芝生长发育，还会导致杂菌（指灵芝以外的微生物）污染基质；湿度过低，灵芝子实体无法形成或生长不良，幼嫩的浅黄色或乳白色生长点很易老化变成暗褐色而发育停滞。

4. 空气 灵芝是好气性真菌，生长发育过程中不断吸入氧气、排出二氧化碳。培养环境空气中二氧化碳的浓度高，氧气的浓度就

低；二氧化碳的浓度低，氧气的浓度就高。通常就以灵芝生活环境空气中二氧化碳浓度（以［CO_2］表示）来说明空气对灵芝生长发育的影响。

灵芝菌丝生长阶段若环境中氧气不足则生长缓慢，氧气严重缺乏时菌丝停止生长甚至死亡。菌丝生长适宜的［CO_2］范围为3.5%～11.1%，菌丝停止生长的［CO_2］临界值为18.74%，菌丝死亡的［CO_2］为大于20%（郭家选等，2000）。子实体形成发育阶段对空气中的［CO_2］很敏感，已发育菌柄和菌盖的子实体，当［CO_2］增至0.1%时，有促进菌柄生长和抑制菌盖生长的作用，会导致畸形芝产生；对不发育菌盖的畸形子实体只要降低［CO_2］，就能重新发育菌盖。据此，培育初期适当提高［CO_2］，以促进菌柄生长，后期通风换气降低［CO_2］，有利于菌盖发育（陆文梁等，1975）。空气中［CO_2］积累增至0.1%、氧浓度（以［O_2］表示）低于26%时，不分化菌盖；［CO_2］到0.3%时，可使原基多点发生，菌柄抽长，并产生多个分枝。利用这一特性，人为提高栽培环境的［CO_2］，可定向栽培出无菌盖、多分枝的鹿角灵芝（钟孝武，2002）。因此，在培养菌棒和出芝阶段，常采取适当揭膜或开启大棚门窗等措施，加强通风，让新鲜空气进入，以降低环境中的二氧化碳浓度、提高氧气浓度，充分满足灵芝对氧气的需求。

5. 酸碱度 酸碱度是指溶液酸碱性的强弱程度，用pH表示。灵芝适宜在偏酸性环境生长，菌丝体在pH4～10的培养基上均能生长，但是生长速度和生长势不同，pH6～7，菌丝的生长速度最快且生长势好（王庆武等，2015）。基质的pH过高或太低均不利于灵芝菌丝生长。生产上在配制栽培料时一般利用基质的自然pH即可，无需调节其酸碱度。菌丝在基质中生长会产生酸性物质，使基质pH下降1～2。

第三章

四川省灵芝段木栽培

四川省郫都区在20世纪90年代就有农户开始试种灵芝。四川省食用菌研究所（原四川省农业科学院土壤肥料研究所，下同）2000年开始实施“川中丘陵高效特色农业科技示范园区”项目，在四川简阳市开展了灵芝新品种新技术科技示范种植，面积0.27公顷。至今，在四川简阳市、雨城区、中江县、梓潼县、江油市、通江县、金堂县、什邡市、昭化区等地先后有不同规模的灵芝种植。据四川省食用菌协会统计，2021年四川省灵芝产量约3 540吨（鲜品）。

灵芝生产，以使用的栽培基质来划分，分为段木栽培和代料栽培两种类型（谭伟等，2007）；以生产的方式来划分，分为农法栽培（指利用园艺设施和自然气候的种植）和工厂化栽培（指采用完全人工调控环境的厂房的种植）（张金霞等，2020）两种。四川灵芝生产模式为“段木熟料发菌荫棚出芝”：以青冈树（栎类）树干（大枝丫）段木为基质，灭菌后接入灵芝菌种、培养成菌棒（段木上长有菌丝的棒状体），菌棒脱袋埋入土中，在荫棚内通过管理，使菌棒长出子实体。

一、主栽品种

四川灵芝目前栽培的种类主要是赤芝（*G. lingzhi*）。栽培品种较多，建议种植户使用具有品种审（认）定证书或者具有品种权的灵芝品种，以确保品种的种性真实可靠，避免因使用品种不

当而栽培失败，进而产生经济损失。以下简要介绍四川境内灵芝生产使用的经过省级审定（认定）和国家认定的部分品种及其主要特性。

（一）金地灵芝

金地灵芝（彩图 3－1）是四川省食用菌研究所采取野生种质驯化系统选育而成的品种，2003 年获四川省农作物品种审定证书（编号：川审菌 2003008），2007 年获全国食用菌品种认定证书（编号：国品认菌 2007044）。子实体单生，原基分化温度 24～28℃，子实体形成适宜温度 20～25℃。适合段木栽培，当年产量为段木重量的 5%～8%。

（二）灵芝 G26

灵芝 G26（彩图 3－2）是四川省食用菌研究所以韩芝和红芝为亲本，通过原生质体融合杂交选育的品种，2005 年获四川省农作物品种审定证书（编号：川审菌 2005008），2007 年获全国食用菌品种认定证书（编号：国品认菌 2007046）。原基分化温度 24～28℃，子实体形成适宜温度 18～20℃。适合代料栽培，干芝生物学效率 20%（干芝生物学效率是指单位质量培养料的风干物质所培养出的干燥子实体质量，常用百分数表示）。

（三）川芝 6 号

川芝 6 号（彩图 3－3）是四川省食用菌研究所采取野生种质驯化系统选育而成的品种，2004 年获四川省农作物品种审定证书（编号：川审菌 2004007），2007 年获全国食用菌品种认定证书（编号：国品认菌 2007045）。子实体形成适宜温度 25～30℃。适合段木栽培和代料栽培，代料栽培干芝生物学效率 20%。

（四）川圆芝 1 号

川圆芝 1 号（彩图 3－4）是四川省食用菌研究所和福建省尤

溪县林业科学技术研究所利用尤溪县引入四川的菌株 G9109 经系统选育的品种，2016 年获四川省农作物品种审定证书（编号：川审菌 2016004）。最适出芝温度 26～28℃。适合段木栽培和代料栽培，段木栽培生物学效率 18%，代料栽培生物学效率 28%。

（五）攀芝 1 号

攀芝 1 号（彩图 3－5）是四川省食用菌研究所和攀枝花市农林科学研究院利用采集的野生菌株 L1 经系统选育的品种，2016 年获四川省农作物品种审定证书（编号：川审菌 2016003）。最适出芝温度 24～26℃。适合段木栽培和代料栽培，段木栽培生物学效率 18%，代料栽培生物学效率 29%。

（六）攀芝 2 号

攀芝 2 号（彩图 3－6）是攀枝花市农林科学研究院和四川省食用菌研究所利用采集的野生菌株经系统选育的品种（编号：川审菌 2016005）。最适出芝温度 23～30℃。生育期为 180 天，适合段木栽培和代料栽培，段木栽培生物学效率 24%，代料栽培生物学效率 21%。

（七）康定灵芝

康定灵芝（彩图 3－7）是甘孜藏族自治州农业科学研究所利用采集的野生白肉灵芝（*G. leucocontextum*）菌株经系统选育的品种，2016 年获四川省农作物品种审定证书（编号：川审菌 2016002）。子实体形成和发育温度范围 18～30℃，最适温度 23～25℃。适合段木栽培，每 100 千克段木可生产干芝 4.04 千克。

（八）蜀芝 2 号

蜀芝 2 号（彩图 3－8）是成都市农林科学院野生驯化育成的品种，2022 年获四川省非主要农作物品种认定证书（编号：川认菌 2022005）。出芝温度 18～30℃，最适温度 20～25℃。生产周期

约 120 天。代料栽培生物学效率 24.5%左右。

二、栽培季节

栽培季节是指接种（指将菌种移植到培养基或培养物中的操作）的时节。灵芝的栽培季节应该以灵芝的高温结实特性为依据，要将适宜出芝（灵芝原基分化和子实体生长发育）的温度与栽培场地内温度相一致作为时节安排的要求，合理安排当地栽培季节。四川灵芝栽培多为秋冬季栽培。

（一）栽培季节的确定

灵芝农法栽培主要是利用自然气候（尤其是气温）进行栽培，栽培季节的安排主要依据当地气温。通常，各地同一季节的气温也有所不同。确定栽培季节的关键，是需要将适宜出芝的温度与栽培场地内温度相一致，这也是农法栽培灵芝季节安排的核心。

灵芝属于高温结实性菌类，原基分化的适宜温度为 25～26℃，子实体生长发育适宜温度为（27±1）℃，菌盖生长较快的温度为 28～30℃。因此，灵芝栽培的出芝季节，大多数地区一般安排在春夏季。春夏季的气温与适宜出芝的温度较为吻合。四川灵芝制袋接种在秋冬季，栽培季节就是秋冬季。

（二）四川的栽培季节

四川各地灵芝的栽培季节大体一致，多在秋冬季栽培，一般安排在 11 月下旬至 12 月下旬制备料袋、基质灭菌并接入菌种，秋冬季节发菌；翌年 4 月上旬脱袋埋土，5 月开始现蕾并生长发育，7—9 月采芝收粉（彩图 3－9），当年可收 1～2 茬子实体。

三、设备设施

灵芝栽培主要分为发菌和出芝两个阶段。栽培设备设施是指为了开展灵芝生长而配备的器物和建筑物。农法段木栽培灵芝所需设备主要有台式圆盘电锯、蒸汽灭菌器和接种箱等；设施主要包括发菌棚（室）和出芝棚，同时，包含棚体内外的培养架、出菇架、微喷管与喷头、杀虫灯与黄板、塑料薄膜、遮阳网等。

（一）台式圆盘电锯

灵芝段木栽培，需要将树干和树枝截成短的段木，可使用台式圆盘电锯（彩图3-10）对树干和树枝进行截断。四川灵芝种植者目前基本上都采用台式圆盘锯来对树干或大树枝丫进行截断作业，这与使用常规条锯相比，具有减轻劳动强度、节约用工、提高作业效率等优点，可以直接降低用工成本、间接提高栽培利润。

（二）塑料袋及扎口绳

塑料袋是用于盛装短段木的容器，一般采用高密度低压聚乙烯薄膜袋作为料袋。四川使用料袋规格（长度×折径宽×厚度）为（55～80）厘米×（15～32）厘米×(0.04～0.05）厘米。扎口绳可使用丝膜或麻绳，木段装袋后用于捆扎袋口。按照拟生产规模，备足所需料袋及扎口绳的数量。

（三）蒸汽灭菌器

蒸汽灭菌器是指能够产生高温蒸汽、杀死附着于段木及料袋的微生物的设备，主要由蒸汽发生装置和料仓（盛装料袋的灭菌柜）两部分组成，其实质是湿热灭菌，即通过热的水蒸气凝固菌体蛋白。在农村，通常将锅炉产生的水蒸气通入相对密闭的料堆中，对料袋（基质）进行常压高温蒸汽灭菌（彩图3-11）。

（四）接种箱（室、帐）

将灵芝的菌种块移植于灭过菌的料袋（短段木）的过程称为接种。接种时需揭开种瓶（袋）和料袋的袋口，从种瓶（袋）中取出种块、置入料袋，要裸露地从空气中经过。若在自然条件下接种，

空气中存在的大量杂菌就会直接进入种瓶（袋）和料袋，同时黏附于种块上进入料袋，污染灭过菌的基质（段木）。

接种箱（室、帐）是指用于转接菌种的箱体（房间、罩帐），又称无菌箱（室、帐），是接种时使用的无菌环境空间。根据生产规模大小，可选择使用接种箱、接种室或接种帐。生产上常使用接种箱，用木条、木板或纤维板和玻璃制成，有斜面玻璃窗、操作孔等，是可密闭的箱子，以便使用药物熏蒸灭菌。有的生产大户经验丰富，接种作业熟练，可直接在干净的发菌棚内接种。

（五）发菌棚（室）

发菌棚（室）是指以竹竿、镀锌管等为支架，覆盖塑料薄膜、遮阳网等搭建的设备（可遮蔽阳光或风雨的屋子），既能保温又能透气，用于摆放菌袋、培养菌丝体。闲置的蔬菜大棚、住房、仓库等可作为发菌棚（室）。发菌棚的大小和数量由生产规模而定，应远离牲畜圈舍、工矿厂房和垃圾场等场地（彩图 3－12）。

在发菌棚（室）内部布设 6～8 层的分层床架，用来摆放菌袋，以提高菌袋排放数量；床架之间留出 60 厘米宽的通道，便于作业人员操作管理；悬挂杀虫灯、黄板纸，以诱杀害虫成虫。在发菌棚（室）门口设置缓冲间，棚（室）外部安装防虫网，以阻止害虫成虫飞入棚（室）、危害菌袋。

（六）出芝棚

出芝棚是指以木棒、竹棒和钢架为主要骨架，配套塑料薄膜、遮阳网搭建而成的设备，是用于排放菌棒、培育子实体的场所。四川地区的出芝棚外搭遮阳平棚（彩图 3－13）、里面设塑料膜拱棚（彩图 3－14）。闲置的蔬菜大棚略加改造后可作出芝棚。棚址宜选在取水方便、水质符合饮用水质量要求、进出道路方便的场所。

棚内地面需做畦开沟，畦间留出走道，便于作业；畦床四周以及出芝棚外四周都应挖好排水沟，以免大水来临淹没菌床和损坏棚体。同样，在棚的门口设置缓冲间，悬挂杀虫灯、黄板纸，棚外安装防虫网，以诱杀害虫和阻止害虫进入棚内、危害菌棒和子实体。棚内布设微喷灌系统，利于出芝时期进行水分轻简化管理作业。

四、栽培技术

四川生产灵芝，目前主要是以段木为原料、使用赤芝类型的品种，开展栽培，采收子实体和孢子粉。采用“段木熟料发菌荫棚出芝栽培技术”，工艺流程为：制作段木→装袋灭菌→冷却接种→发菌管理→脱袋埋土→出芝管理→适时采收→干燥分级。

（一）制作段木

选择适合灵芝生长的树木，利用树干或大枝丫，经过修整截成一定规格、便于生产作业的短段木，通过适当晾晒将段木中的水分含量调整到适合菌丝生长的水分含量后，即可作为栽培灵芝的基质原料，满足灵芝菌丝生长发育所需的营养。

1. 选择树种 一般适合香菇生长的树木，同样适合灵芝生长。通常选用栎、栲和槲等壳斗科树种作为灵芝栽培所用树木，枫、杜仲、苦栎等树种的树木也可利用，但生产出的灵芝的单产和品质略差，不使用松、杉、柏、樟、桉等含有芳香类物质的树木。四川地区灵芝生产常常选用青冈树（栎类）（彩图3-15）来栽培，用其出芝的子实体单产高、朵形大。

2. 剃枝截段 剃掉树干上的枝丫，用圆盘电锯将树干截成长度30厘米的短木段，较大的枝丫也可截成短段（彩图3-16）加以利用。截断时要求断面平整，去掉毛刺，以免装袋时毛刺刺穿料袋。按照生产规模，备足所需段木数量。段木晾晒1～3天，断面中心出现长1～2厘米微细裂痕、含水量为40%左右时较为适宜，即可装袋。

（二）装袋灭菌

先用扎口绳将料袋一端扎紧，再将短段木装进料袋，尽量装紧装

实，对直径太小的段木或枝丫进行多棒扎捆，直径太大的段木劈小之后再进行装袋，最后用扎口绳将料袋的另一端袋口扎紧（彩图 3－17）。料袋两端扎口时要求都扎成活结，方便之后接种时快速解开袋口。

段木装袋后要求及时灭菌。四川灵芝种植户多采用常压高温蒸汽灭菌法。一般当锅内或罩膜内温度达到 98℃以上时，不停火连续保持 12 小时以上，停火后再闷 12 小时。使用灭菌灶的装袋容量不一，灭菌时间长短有所不同。灭菌料仓里或罩膜内码袋的数量多时，有的持续保温时间需长达 24～36 小时（彩图 3－18）。

为避免煤烟污染大气环境，可使用燃气灶灭菌栽培料袋。研究表明，用燃气灶灭菌栽培基质，具有清洁环保、节省用工、降本增效和安全可靠等优点（谭伟等，2020）。

（三）冷却接种

料袋灭菌结束后不宜马上出锅或揭开罩膜，要待料仓内或罩膜内空间温度降至 60～70℃才开启仓门或撤去罩架、揭开罩膜，趁热将料袋转移至接种箱（室、帐）内，让其自然冷却，当袋口料面温度降至 30℃左右方能接种。转运料袋时轻拿轻放，以免弄破料袋、杂菌进入料袋。

洁净接种箱（室、帐）里先放入酒精灯、接种钩或接种匙（指前端呈钩或匙状的接种棒）等接种用具，再将灭菌后的料袋搬进去，然后按每立方米 4 克用量点燃烟雾消毒剂，紧闭箱体（室、帐），使烟雾熏蒸尽量杀灭箱体（室、帐）内的微生物。消毒结束后，将表面用消毒液擦拭过的栽培菌种放入接种箱（室、帐）内备用。

接种方法：先点燃酒精灯，揭开种瓶（袋）盖子（塞子），瓶（袋）口从火焰上方迅速通过；接种钩在火焰上充分灼烧，冷却后揭开料袋袋口，用接种钩或接种匙从种瓶（袋）里钩出种块并移入料袋内段木表面，压实，使菌种紧贴段木表面；最后用扎口绳捆紧袋口。可两人或多人配合接种（彩图 3－19），动作要熟练、快速，以减少杂菌污染。

使用瓶装栽培种的用种量，一般每立方米段木80～100瓶（750毫升）菌种。若使用袋装栽培种则可参照此用种量。使用来自有食用菌菌种生产经营许可资质的正规菌种厂家的合格菌种，以确保菌种质量的可靠性。另外，在搬运和接种过程中若发现袋膜破损，应及时用塑料透明胶布密封住，以防止杂菌从破口处侵入。

（四）发菌管理

段木料袋接入菌种后就被称作菌袋（指含有灵芝菌种的料袋）。菌袋中的灵芝菌种萌发出菌丝，菌丝不断在段木内和表面扩散生长、大量繁殖，这个培养菌丝体的过程叫作发菌。菌袋多在发菌棚内进行发菌，入棚前要先对棚内作清洁、消毒和杀虫处理；入棚后主要对棚内环境温度、湿度和通风等进行管理。

1. 棚内外消杀 发菌棚在使用前1个月，应清除棚内外杂草、杂物、垃圾等，开门窗或敞棚通风和晾晒。使用前1～2周，用消毒灭菌剂及杀虫药剂对棚内空间和棚外附近场地进行彻底消毒灭菌及杀虫处理，以有效降低棚内外杂菌和害虫的基数，减少病虫危害。地面应铺撒石灰粉约每平方米1千克，既吸潮又杀菌。

2. 菌棒的摆放 菌棒搬入发菌棚内上堆发菌（指菌棒按照一定形式堆叠起来，让菌丝在基质中生长），可直接在地面上交叉摆放，3行并一列，堆高约1.5米，不可压住袋口，每列之间预留出60厘米宽的通道，便于检查管理（彩图3-20）。15天后结合翻堆改3行一列为2行一列。若棚内设置有床架，则将菌袋整齐地排放在床架的层架。

3. 保温与通风 接种后1周内应采取盖膜、闭门窗等措施，以保持和提高菌袋堆内温度，促进种块尽快萌发、定殖（指种块萌发菌丝开始向段木中生长，俗称“吃料”）。7～10天后，中午掀膜、开启门窗通风换气，每日1次，每次15分钟，以后随发菌时间延长而逐渐加大通风量，通风次数可增至每日2～3次，每次40分钟，以满足菌丝生长对氧气的需要。

第15天左右，袋内菌丝数量开始增殖（彩图3-21），会产生热量，为了避免“烧袋”（指温度过高导致菌袋内菌丝生长受损或死亡）发生，要结合翻堆作业，对直接摆放地面的菌袋进行稀疏码堆，由原来的3行一列改为2行一列。之后，低温时盖膜并关闭门窗，高温时揭膜并打开门窗，结合通风降温措施，控制环境温度在20～25℃。

4. 增氧与降湿 灵芝菌丝布满段木横断面并形成菌膜时，菌丝大量增殖、菌丝体数量增多（彩图3-22），需氧量增加，这时可微微地揭开袋口，必要时可将袋口一端解开，以增强氧气进入菌袋的力度，促进菌丝向段木内生长。若湿度太大，则可掀膜、开门窗，通风降湿，置放生石灰吸潮降湿，将棚内环境空气相对湿度调节至60%～70%。

5. 翻堆与去杂 定期和不定期翻堆（指将菌袋摆放位置作上下、左右、前后相互调换），以利于各个菌袋之间发菌均匀。结合翻堆工作，仔细检查发菌情况，一旦发现菌棒上出现了红色、绿色、黑色菌落，表明其已经被杂菌污染（彩图3-23），应及时拣出、隔离并销毁（烧毁）这些污染菌棒，以避免杂菌孢子蔓延和散发，污染正常菌棒。

通常，菌棒培养60～70天时，菌丝体达到生理成熟，其特征是表层菌丝洁白粗壮，菌丝之间紧密连接不易掰开，表皮指压有弹性，断面有白色草酸钙结晶物，有的还出现红褐色菌膜，少数断面有豆粒大小的灵芝原基发生。此时即可转入脱袋埋土环节。

（五）脱袋埋土

脱袋埋土是指去掉发菌达到生理成熟菌棒的袋子，按照一定方式埋入土中的过程。有两个优点：一是菌棒不裸露空中，不易被空气中的杂菌侵染；二是菌棒被土包裹，减弱了水分蒸发，利于保持菌棒水分含量。脱袋埋土环节包括以下4项作业技术。

1. 做畦开沟 做畦开沟是指制作灵芝菌棒埋土的田块（地块）及其周边的流水道或作业道。晴天用旋耕机等翻土20厘米深，拣去石块等杂物，翻挖时在土中按每亩* 40～50 千克撒入生石灰，暴晒 1～2 天后做畦开沟，畦宽 1.5～1.8 米，畦长依场地长度而定，畦间挖出深 30 厘米、宽 50 厘米的 U 形沟，沟底一端略高，另一端略低，能自然排水，沟底撒上灭蚁粉。

2. 炼棒脱袋 菌棒搬入出芝棚内，先不急于脱袋，摆放在畦床上 7～15 天进行炼棒，以提高其适应性，让其逐渐适应新的环境，如早晚温差大的环境等。炼棒结束后，选择在晴天脱袋，用利刀划开袋膜并去除。去袋后的菌棒称芝木。脱下来的塑料袋膜和扎口绳，宜集中收集带出栽培场地加以处理，避免污染环境。

3. 芝木覆土 用土壤将芝木遮盖的过程称为芝木覆土或芝木埋土。通常是将芝木平卧式横埋于畦床内，段木断面相对排放，芝木间距 3～5 厘米；发菌期一致的芝木，集中在一起埋土，排列整齐、平整（彩图 3-24），避免高低不平，利于后期出芝整齐，便于统一管理。芝木埋土挖出的余土直接覆盖在芝木上，覆土厚度 1～2 厘米，要求芝木被土遮盖、覆土层表面平整。

也有芝木直立竖埋于畦床内的情形，芝木间距 3～5 厘米、行距 10～15 厘米。但是，有文献比较了芝木横埋与竖埋的效果，横埋较竖埋的出芝量适宜、芝形大、优质品率提高 18%～25%、综合经济效益提高 22%～36%（曹龙枢，1999）。可见，选择芝木埋土方式时以平卧式横埋为宜。

覆土材料种类不同，灵芝单产和活性成分含量有所不同。研究结果显示，灵芝段木栽培覆土的子实体产量是不覆土（对照 2）的 16.78～24.34 倍。覆盖黄壤、石灰岩和河沙（对照 1）时子实体产量显著高于覆盖紫色土和水稻土。覆盖紫色土的灵芝子实体多糖含量最高（0.87%）；覆盖水稻土、紫色土、石灰岩、黄壤和河沙可显著增厚灵芝菌盖（周洁等，2020）。

4. 喷水盖膜 芝木埋土 24 小时后及时打开微喷灌设施，对畦床喷淋一次重水，发现畦床有覆土凹陷处，及时用土填上并抚平。

---

* 亩为非法定计量单位，1 亩=1/15 公顷≈667 米^2。——编者注

喷施重水后，可在畦床上直接覆盖一层地膜，或者搭建以竹片（小竹竿）为骨架的塑料膜小拱棚，以保持土壤湿润，降低芝木的水分流失量，减少出芝前的浇水次数，同时也可起到提高地温的作用。

（六）出芝管理

出芝是指从芝木上分化原基、生长发育成灵芝子实体的过程。芝木埋土后，在环境条件适宜的情况下，经过 15 天左右就开始分化原基，进入出芝阶段。可针对不同的生长发育时期分别进行阶段管理，主要是对出芝棚内灵芝生长环境的温度、光照、土壤水分和空气湿度以及通风等加以调控。

1. 芝芽形成期 芝芽形成是指芝木上菌丝体扭结分化出原基，原基向上"冒"出覆土层，形成瘤状芝蕾（见彩图 2-3 中的 1. 瘤状芝蕾分化），向上伸长成为"芽"状幼小子实体（芝芽）。在这期间，原基大量分化时，掀开地膜或拱棚膜，避免温度过高烧伤原基。开启微喷灌，空气相对湿度提高到 85%～90%。温度调节控制到25～28℃。每隔 2 天或 3 天，晴天午后通风 1 小时。一般，埋土后 8～20 天可见芝芽（彩图 3-25）。

若需要采收灵芝孢子粉，则在土面上出现瘤状芝蕾时，用塑料薄膜覆盖于菌床上，用刀在有芝蕾处将薄膜划一小口，让芝芽从小口中长出。这样，将来芝盖上弹射出来的孢子可散落于薄膜之上，而不与土壤接触（彩图 3-26），便于从薄膜上收取孢子粉（详见本章"七、适时采收"，详述采集孢子粉的地膜集孢法）。盖膜的目的就是避免孢子粉散落于土中。

2. 芝柄伸长期 芝柄伸长期是指芝芽纵向伸长生长分化出柱状芝柄至还未分化菌盖。在这期间，减少通风次数，使棚内 [CO_2] 增至 0.1%，让芝柄伸长至 5 厘米左右。调整光照度至 300～1 000 勒克斯，保持光照均匀，以防芝柄弯曲生长。继续控制空气相对湿度在 85%～90%。在芝柄伸长的前期，应开展疏蕾（指根据芝木直径去除过多、过密的菌蕾或芝芽，保留少数健壮的芝芽），以使将来生长发育出来的子实体朵形大、均匀，品相较好，且方便后期需要收集孢子粉时套筒。一般，直径≤15 厘米的芝木每段保留 2 朵，直径>15 厘米的留 3 朵。

3. 芝盖形成期 芝盖形成是指芝柄伸长生长至 5 厘米时，采取促控措施，促进芝柄顶端分化形成芝盖。在这期间，直接向菇体上增加喷水次数和喷水量，空气相对湿度保持 85%～95%。加大通风量。温度调控至 28～32℃。促使柄顶白黄生长点由原来的纵向伸长向横向膨大生长，形成完整芝盖。其间，盖面会产生锈褐色孢子粉。若需要收集孢子粉，则在芝盖开始产生孢子时用套筒或套袋的方式将子实体套上（详见本章“七、适时采收”，详述采集孢子粉的套筒法和套袋法），以避免孢子“逃逸”。

4. 芝体成熟期 芝体成熟是指从芝盖边缘乳白色或鲜黄色生长点开始消退，直至完全消失。在这期间，要尽量少喷水，不直接向子实体上喷水，保持空气相对湿度 85%左右，以保持土壤湿润。大棚两侧膜上卷至离畦床面 6～8 厘米，加强通风换气。温度调控至 28～32℃。其间，芝盖发育增厚，表面堆积的孢子粉不断增多增厚，同时，菌床表面上（彩图 3－27）或套筒内底部也堆积很多孢子粉（彩图 3－28）。

（七）适时采收

段木栽培灵芝，其子实体生长的大小和产生孢子粉数量，通常由品种结实产孢特性、段木基质养分和环境温度条件等因素所决定。子实体生长发育是有一定限度的，不可能无限度地生长下去。因此，有必要在灵芝发育成熟的时候，采摘子实体和采收孢子粉。

1. 成熟标志 灵芝子实体生长发育成熟标志有两个显著特征（彩图 3－27，彩图 3－28）：一是芝盖上面孢子粉堆积厚度达 1.0～1.5 毫米，产孢灵芝专用品种的孢子粉在芝盖上的堆积甚至更厚；二是芝盖不再扩大和增厚生长，芝盖边缘的乳白色生长点或鲜黄色完全消失。当子实体生长发育程度具备了这两个特征时，就可以采摘子实体和收集孢子粉。

2. 采摘子实体 灵芝的成熟子实体木质化程度高，组织紧密，

质地坚硬，不易轻易切断芝柄采摘下来，通常会使用锋利的刀或剪来采摘子实体。方法：采摘人员双手戴上布手套，用果树剪刀或园艺修枝剪，齐芝柄基部剪下（彩图 3－29），直接放入集芝筐或篮子内。也可齐芝盖下芝柄 1.5～2.0 厘米处剪下，留下芝柄的伤口愈合后，会再形成芝蕾并发育灵芝子实体。

3. 收集孢子粉　灵芝单个孢子非常细小，肉眼看不见，特别容易四处飘散。无数个孢子聚集在一起，成为粉末状态，就是肉眼可见的孢子粉。一般新鲜孢子粉发生量为每朵 10～20 克。只有采取一些特殊方法，使无数孢子集中在一块，才能高效率收集到孢子粉。目前有套筒采孢、套袋采孢、地膜集孢和风机吸孢等方法。在四川，采集孢子粉主要采用地膜集孢和套筒采孢的方法。

地膜集孢是指芝芽形成之前，在覆土层上面盖上一层干净塑料膜，待芝芽出现后，在长有芝芽之处用刀划小口，让芝芽从小口中长出形成芝柄，将来孢子散落于塑料膜之上，塑料膜起到将孢子粉与土壤隔离而不被土壤污染的作用。用刷子和铲子便可便捷地收集塑料膜上的孢子粉（彩图 3－30）。

套筒采孢是指在芝盖开始产生孢子期间，用中空、柱形纸板筒，罩住子实体并用纸板盖住筒上口（彩图 3－31），使孢子集中散落于筒体中的相对较小空间之内，便于收集孢子粉。

套袋采孢的方法和原理与套筒采孢相似，只是用布袋子或透气材料专用袋子罩住子实体来收集孢子粉。揭开套筒或套袋便可收集孢子粉。

风机吸孢是指在出芝棚内安设大功率抽风机，将散发于芝棚内空间的孢子或畦面上部分的孢子吸入抽风机内，再从抽风机内收集孢子粉。抽风机工作多由电力带动，需要牵设电线至出芝棚附近，会增加生产投入。因此，种植规模不大者，一般不采用此法收集孢子粉。

（八）干燥分级

采摘下来的灵芝子实体和收集到的孢子粉为鲜品，鲜品含水量高，容易滋生细菌、霉菌等微生物，导致腐败变质。因此，需要加工成干品才不致变质。干品需要按照一定标准或客户要求作相应的分级、包装、贮运，才会在市场上被客商或用户所认可和接受。

1. 及时干燥　灵芝子实体和孢子粉鲜品应及时干燥，以免生霉、发酸而变质，失去价值。通常进行晒干或烘干。选择晴天，将鲜品直接置于太阳直射光下晾晒干燥。使用烘房或干燥机干燥时（彩图 3－32），将鲜芝菌盖面向上、单个排列在烘筛上，或将鲜粉均匀铺于烘盘中，温度由低至高在 35～55℃下一次性烘干，中途不停止。干品含水量要求≤13%。

许多农户采取阳光照射晾晒法干燥孢子粉。在塑料大棚地面上先铺上塑料薄膜，再将收集的孢子鲜粉薄薄地、均匀地摊置于薄膜之上，定期翻粉，用太阳光线将孢子粉晒干（彩图 3－33）。这种晒粉法具有两个优点：一是不需要购置干燥机，减少了投入；二是在下雨或阴天也有一定晾晒干燥效果。

2. 分级包装　可按照《木灵芝干品质量》（LY/T 1826—2009）对灵芝子实体干品分级。产品的包装、标签执行《包装储运图示标志》（GB/T 191—2008）和《食品安全国家标准　预包装食品标签通则》（GB 7718—2011）之规定。若生产的子实体和孢子粉作为加工原料，向精深加工厂家供货，则可按照加工厂家要求进行分级和包装。

3. 产品贮运　灵芝产品的贮存期一般不超过 1 年。产品的贮存和运输过程中一定要注意防潮、防雨和防暴晒等。在贮存期间，重点要降低产品贮存室或库房内空气湿度，而且要将产品置于货架上，不能直接放置于地面，以防干品回潮变质。同时，也要采取必要防虫措施，如门窗布设防虫网等，以预防害虫危害产品。

五、病虫害防控

灵芝在生长发育过程中不时会遭受病菌和害虫危害，导致产量和品质下降，给生产造成经济损失。有报道称，某地在段木栽培和贮存阶段因虫害，短短几年内产生经济损失约 50 万元（周功和等，

1997）。因此，防控病虫尤为重要。

灵芝病虫防控采取“预防为主，防重于治；综合防治，对症下药”的方针，尽可能使病虫害不发生或少发生，尽量采用物理防治措施，不施农药，或施用生物农药或高效低毒无残留农药等，防控病虫发生，以降低病虫害损失，确保产品质量安全。

（一）常见病害与症状

灵芝病害分为侵染性病害和生理性病害两种类型。侵染性病害由杂菌侵袭基质和芝体所致；生理性病害由不适宜的非生物环境因子引起灵芝不能正常进行生理活动所致。

1. 杂菌为害症状 在灵芝段木栽培中尤其是菌棒生产过程，灵芝段木可能遭受到细菌、放线菌、真菌等杂菌污染和侵害，从而引起侵染性病害。种植户口头上经常提到的“杂菌污染”和“感染杂菌”都属于侵染性病害。杂菌污染栽培基质是灵芝生产中最常见和最主要的病害，杂菌传播性强，需要高度重视并加以防控。

（1）为害栽培基质 段木基质被细菌污染后会发出类似食物变质的馊臭、酸臭气味；被放线菌污染后可见基质上有粉末状菌落；被酵母菌污染后可见基质上有黏稠、湿润、乳白色或红色的菌落；被霉菌污染后可见基质上有绿色、橘黄色、草绿色等菌落（霉斑），严重时有浓厚霉味。

（2）为害灵芝菌体 木霉（*Trichoderma*）侵染生活力较弱的芝蕾、芝体生长点以及贮存期潮湿芝盖菌孔，病部出现绒毛状污白色、绿色的斑块，严重时霉味浓重。青霉（*Penicillium*）侵染贮存期潮湿芝盖菌孔、盖缘及芝柄，病斑呈蓝绿色。其他霉菌侵染芝蕾和幼芝，往往造成芝体水肿状褐腐和黑腐。

2. 生理病害症状 温度和湿度等属于非生物因子，影响灵芝的生长发育。在灵芝生产过程尤其是子实体生长发育过程中，灵芝会遭受不适宜的温度、湿度、药剂等环境因子影响，如强烈低温导致的冻害以及化学药害等，导致减产和品质下降。生理性病害不具传染性。常见生理性病害有白僵病、畸形芝和鹿角芝。

(1) 白僵病 灵芝白僵病，发生于芝蕾（芝芽）期。灵芝分化出原基后，突然遭受到不适宜的外界温度、湿度等环境条件刺激，如强烈低温袭击、气候干旱、土壤严重缺水或空气非常干燥等恶劣环境刺激，造成灵芝生长出现菌蕾分化不良、生长缓慢、渐变纯白色、僵硬等症状，严重时甚至死亡。

(2) 畸形芝 畸形芝是指灵芝子实体发育不正常，造成与正常形体不同的增生形状。芝芽形成后，出芝棚内若二氧化碳浓度过高、环境湿度过低，则子实体长成棍棒状和鹿角状，芝柄出现很多分枝，越往上长分枝越多，但始终不分化芝盖；若棚内光照不均匀，则子实体会弯曲生长，向着光照强的一方弯曲。

(二) 常见虫害与症状

在栽培生产和产品贮存过程中，灵芝可能遭到多种害虫的为害。这些害虫主要为害灵芝的芝木、菌丝体和子实体，其成虫或幼虫蛀食灵芝幼嫩子实体，钻蛀芝柄、芝盖，造成灵芝被蛀空，残存大量虫粪，轻者降低品质，失去商品价值；重者灵芝的菌孔芝肉被害虫蛀食殆尽。

1. 灵芝造桥虫 尺蛾科（Geometridae）昆虫，幼虫头部黑色，口器较发达，虫体为圆筒形，有胸足 3 对、腹足 2 对，行走时呈拱桥状。虫体灰黄色，体表有黑褐色的疣状突起，幼虫常常吐丝下垂，其体色因食料变化而变化，一般取食幼嫩灵芝的体色淡、取食老灵芝的体色深。

幼虫主要取食食用菌的子实体，幼龄时常群居取食为害，3 龄后食量增大，分散转移到邻近子实体上为害，并排出大量粪便，污染灵芝。取食芝盖菌肉，形成弯曲隧道，更多的是取食黄色嫩盖的边缘形成缺刻，严重时直接蛀入子实体的内部，排出大量虫粪，极易引发芝盖绿霉菌污染，影响灵芝的产量和质量。

2. 灵芝谷蛾 谷蛾科（Tineidae）昆虫，幼虫乳白色，头部深棕红色，触角深褐色，胸足 3 对、腹足 4 对，有吐丝习性。冬季温度 14～16℃时，在芝体内吐丝作茧。越冬虫为圆筒形，一端有口，

头从开口处伸出取食，取食后又缩回，排出粪便堆在茧周围。翌年春天14℃时，幼虫出来取食。

幼虫孵化后很快从芝盖、芝柄、木质化原基上侵入，其中侵入芝盖腹面最多。幼虫食量大，凡是为害的地方都留下一条隧道和粪便，排粪量特别多，初呈灰白色或淡黄色，后变为黑色，呈颗粒状，由丝性物牵连聚集在一起。为害严重时，在同一朵灵芝子实体上蛀食几个孔，蛀孔的隧道常常容易发生霉变。

3. 黑翅土白蚁 白蚁科（Termitidae）昆虫。白蚁通常集体生活，有各自的社会分工和职责，形态各异。有翅成虫的头顶背面、胸腹背面为褐色，头与腹部为白色，全身覆有浓密的毛，头圆形，前胸背板微狭，在背板中央有一个淡色的“十”字形斑点。翅长大，黑褐色。喜在阴湿隐蔽处活动，如垃圾的覆盖物下等。

黑翅土白蚁建巢于地下，外出采食为害高峰有两次，为4—5月和9—10月，尤其在4月中下旬和8月下旬至9月初。灵芝栽培当年及翌年可能发生土栖性白蚁从地下侵入，取食菌材。白蚁疯狂蛀食培养料和菌丝，其蛀食孔大，还一边钻蛀一边向洞内盖以泥土。

4. 野蛞蝓 蛞蝓科（Limacidae）动物，俗称“鼻涕虫”“水蜒蚰”等，为软体动物，无外壳，身体裸露。性成熟成虫光滑，暗灰色或暗黑色，触角2对、黑色，头可收缩于外套膜内，身体分泌无色黏液。常生活于阴暗潮湿环境，如土缝、石块和枯枝落叶下等，一般17时左右至次日9时外出取食。

野蛞蝓在气温10～20℃时活动猖獗，主要为害灵芝的幼嫩子实体，一般伏在白色的子实体上啃食，造成子实体形成孔洞或缺口，导致灵芝子实体残缺，严重影响灵芝质量，易造成畸形灵芝。有的啃食刚刚分化的灵芝原基，导致原基不能继续生长分化。四川盆地3月、4月、5月为野蛞蝓的为害盛期。

5. 叶虫甲科害虫 成虫体长3～5毫米，卵圆形，体色褐色至黑褐色。幼虫体长5毫米左右，长筒形，体色乳白至乳黄。成虫常常生活在大棚的石块下、土缝中，或周围杂草根际越冬。6—7月幼虫开始为害，7月上旬至8月下旬羽化成虫。两代幼虫交互为害。7—8月是灵芝生长的旺盛期，也是该虫的大发生期。

叶虫甲科的幼虫取食灵芝的菌丝，造成原基难以形成。成虫主要取食刚分化的原基及子实体的幼嫩部分，受害的子实体边缘凹凸不平，难以形成平滑边缘，降低商品价值。原基受害后出现凹凸不平的小圆坑，严重时不能分化形成正常的菌盖、菌柄，发生畸形，影响产量。

6. 螨虫 俗称"菌虱"。个体极小，用肉眼几乎看不清楚，其体长为0.2～0.6厘米，爬行速度快，繁殖力强，群居性，重叠成团。一般在室温25～28℃、空气相对湿度80%～85%时，螨虫15天就可繁殖1代，1年内繁殖代数最多可达20～30代。

螨虫潜入料袋，取食灵芝菌丝体，破坏栽培基质。还常为害子实体原基及幼蕾或芝芽，造成原基或芝芽不能继续分化出芝柄和芝盖，严重时引起子实体死亡，造成毁灭性损失。此外，螨粪还是线虫和托兰氏假单胞杆菌等病虫害的主要传播物，从而引起子实体阶段多种病虫害的伴随发生，加剧对灵芝的为害。

（三）病虫害综合防控

生产灵芝的目的是供人们服用，要求尽量不施用化学农药或少施用化学农药。因此，需要采取多种措施，综合性预防和控制灵芝病虫害发生，以降低病虫害造成的损失。

1. 选用抗病虫品种和优良菌种 灵芝的品种较多，不同品种对病菌和害虫的抵抗力有所差异。生产中尽量选用抗病虫力强的品种进行栽培。到具有菌种生产经营许可的厂家购买灵芝的合格栽培种，菌种的菌丝纯白健壮、菌龄适宜。要特别仔细观察，带有杂菌和害虫（螨虫、菌蛆等）的菌种是不合格菌种，坚决不能购买和使用。

2. 保持生产场地内外环境洁净 病菌和害虫多滋生于阴暗潮湿的废料堆和杂草丛之中、石砾瓦块之下以及环境空气之中，可谓"无处不在"。因此，需要定期清除制棒场所场地、发菌棚（室）和出芝棚的内外污染菌袋和病虫芝体（彩图3-34）、各种垃圾和杂菌等，作清洁消毒处理，保持通风良好、空气干燥，减少病菌和害

虫滋生机会，有效降低病菌和害虫基数。

3. 基质灭菌要彻底及无菌接种 在灵芝菌棒制备过程中若灭菌时间不够，无法全部杀灭段木上的杂菌，则未被杀死的杂菌会为害段木。接种料袋时若接种钩（铲）上带有杂菌，则会将杂菌带入料袋；或者接种环境中的杂菌在揭开料袋的瞬间进入料袋。因此，必须把控好基质灭菌的时间，严格无菌接种作业。

4. 用“一网一灯一板一缓冲”技术防虫 灵芝的虫害防控，推广“一网一灯一板一缓冲”物理防控技术，在发菌棚（室）、出芝棚和产品贮存室外布设专用防虫网，阻止害虫飞入棚内；挂置频振灯和粘虫板，利用害虫的趋光性和趋色性，诱杀害虫，多使用黄色粘虫板，可诱杀双翅目的蚊蝇类害虫；在大棚入口处建黑色、长度 3～4 米的缓冲间，有效减少害虫入棚。

5. 使用生物农药防治部分害虫 在制棒作业场所、发菌棚（室）、出芝棚和产品贮存室的内外，施用苏云金杆菌类生物农药，用来防治星狄夜蛾（*Diomea cremata*）、食丝谷蛾（*Hapsifera barbata*）、印度螟蛾（*Plodia interpunctella*）等鳞翅目害虫。施用苏云金杆菌以色列亚种（*Bacillus thuringiensis*）菌剂防治菌蝇和菌蚊等害虫。

6. 水旱轮作农艺措施预防病虫 这里的水旱轮作，是指在同一田地或地块上有顺序地轮换种植水稻和灵芝的种植方式。从栽培学理论和生产实践经验可知，种植水稻等水生作物时因栽培场地长时间被水淹没，病菌和害虫会显著减少，同时，也会有效克服灵芝连作障碍（指连续在同一地块栽培灵芝引起的灵芝生长发育异常现象）。

7. 产前产后化学药剂杀菌灭虫 在灵芝栽培的产前和产后时期可以使用化学药剂或化学农药，对生产场地和生产用具进行消毒。如用高锰酸钾溶液、甲酚皂液（来苏儿）和必洁仕等药剂消毒接种箱（室、棚）、发菌床架、出芝棚等环境表面。在发菌棚和出芝棚使用前用 4.3%高效氟氯氰·甲维盐（菇净）1 000 倍溶液喷施棚内表面和地面。

第四章

河南省灵芝段木栽培

河南省是我国灵芝生产的主要地区。20 世纪 80 年代初，河南省焦作市金属结构厂利用纯棉籽壳瓶栽灵芝，取得良好效果。进入 20 世纪 90 年代以来，灵芝研究、生产和消费快速发展。豫南山区的确山县从 1990 年开始灵芝人工栽培试验并取得成功。20 世纪90 年代初，河南出现灵芝种植热潮，受供求关系影响，灵芝产品严重积压。2003 年确山县食用菌协会利用纯段木仿野生方法栽培灵芝，但受栽培品种和栽培技术的限制，存在着菌盖薄、形状不标准、产量不稳定、出口产品 A 级品率低等问题。2004 年驻马店市农业科学院根据灵芝生产存在的问题，确立了以灵芝优良菌株的引进及配套标准化栽培技术研究为攻关目标的课题，并在驻马店市科技局立项。2005 年河南商丘金隆菇业有限公司开始栽培灵芝并成功培育灵芝盆景。2006 年河南省地方标准《灵芝生产技术规范》（DB41/T 473—2006）发布实施。2009 年国家食用菌产业技术体系药用菌栽培岗位科学家团队到驻马店指导段木灵芝生产。2010 年桐柏县食用菌研究所“多孢赤灵芝规范化种植技术研究与示范基地建设”项目在南阳市科技局立项。2011 年，桐柏县农民玉米地套种灵芝获得成功。2014 年国家食用菌产业技术体系药用菌栽培岗位科学家组织召开驻马店灵芝观摩交流会。随着新技术在生产上的快速应用，规范灵芝生产技术、制定与灵芝生产相适应的技术规程势在必行，2015 年河南省地方标准《灵芝代料栽培技术规程》（DB41/T 1139—2015）和《灵芝段木栽培技术规程》（DB41/T 1140—2015）发布实施。河南省信阳商城县、商丘永城市等地农民因地制宜进行

产业结构调整，通过种植灵芝或在基地务工，实现脱贫致富。2020年河南省世纪香食用菌有限公司工厂化瓶栽灵芝培育成功，并通过有机产品认证。2022 年商丘虞城县闻集乡打造了百亩灵芝产业园区。

河南省是灵芝重要产地，但灵芝栽培较为分散，段木灵芝主要分布在伏牛山、桐柏山、大别山等山区，如洛阳汝阳县、三门峡卢氏县、平顶山鲁山县、南阳桐柏县、驻马店确山县、信阳商城县等；代料灵芝主要分布在平原地区，如商丘永城市、虞城县等地。据中国食用菌协会报道，2011 年河南省灵芝产量约为 8 760 吨；据不完全统计，2018 年河南省灵芝栽培 3 100 万段（袋），干品产量约为 2 840 吨，总产值约 1.7 亿元。

河南省灵芝栽培模式多样，段木灵芝栽培以不完全脱袋芝棒立摆覆土栽培模式为主；代料灵芝以木屑、棉籽壳、玉米芯为主料，采用大棚墙式摆袋两端出芝模式，既采收孢子粉又采收灵芝子实体。个别栽培大户利用灵芝子实体加工成工艺品，取得较好效益。

一、主栽品种

（一）驻芝 1 号

高温型品种。子实体单生，菌盖幼时黄褐色，成熟后为红褐色至土褐色，有光泽，腹面黄色，菌盖中心厚度 1.7～2.2 厘米，直径 10～20 厘米，肾形或半圆形，表面有同心环纹带及明显较粗的环状棱纹（彩图 4-1）。菌柄长 7～15 厘米、直径 1.5～2.5 厘米，红褐色，光滑有光泽，侧生，柱状。菌丝洁白、粗壮。菌丝生长最适温度 24～26℃，子实体生长最适温度 28℃。出芝不需温差刺激。原基形成到子实体采收需 60 天左右。经河南省食品药品检验所测定，子实体内在品质（水分、总灰分、酸不溶性灰分、浸出物、多糖含量）符合《中华人民共和国药典》的规定。适合段木熟料栽培。该品种属以采收子实体为主的品种。

（二）黄山8号

高温型品种。子实体单生，菌盖直径8～16厘米、厚1.5～2.0厘米，幼时褐黄色，成熟后为黄褐色，圆形、半圆形或肾形，表面有同心环纹带及较细的环状棱纹，子实体致密，背面淡黄色。菌柄长6～12厘米、直径1.5～2.5厘米，红褐色，有漆样光泽，偏中生或侧生，菌丝浓密、洁白、粗壮（彩图4-2）。原基分化温度24～28℃，出芝适宜温度22～28℃。出芝不需温差刺激。灵芝三萜和多糖含量均较高，产孢率高。适合段木熟料栽培。该品种属采芝、收粉兼用型品种。

二、栽培季节

栽培季节的选择依据是：室外栽培条件下，当自然温度上升至适宜出芝的温度时，菌棒即可下地覆土。根据菌棒发菌条件及发菌时间的长短，向前推算接种时间。河南省段木灵芝接种时间常选择在12月至翌年1月。冬季接种，杂菌感染概率减小，芝木接种成活率高达98%以上，另因较早接种，菌丝分解木材时间长，积累的养分多，待翌年清明节过后芝木下地时，已经完全生理成熟，出芝个大，产量高。

三、设备设施

（一）栽培场地

灵芝覆土栽培场地要求环境洁净、植被良好、地势开阔、水源使用方便、排水良好、土质疏松，具有较好的保水透气性，土壤pH6～6.5，无洪水之害，无污染。符合灵芝生长发育条件的场地，或对设施调控后符合灵芝生长发育条件的场地，都可以栽培灵芝。在种过水稻的田块高垄种植段木灵芝（彩图4-3），由于沟内经常有流水，环境条件适宜，灵芝菌盖厚实，长势较好。

（二）栽培设施

建造的栽培设施应便于管理，能为灵芝子实体生长提供防雨、保湿、通气、可调控光照及温度等环境条件，并有利于病虫害的防控。生产中可搭建遮阴平棚与塑料拱棚组合的双棚设施，用于灵芝栽培。

1. 遮阴平棚 遮阴棚高 2 米，以立柱支撑棚顶，立柱行距 3.2～3.6 米，柱距 3 米，用直径约 8 厘米的竹木搭在立柱上，以铁丝扎牢，横梁间用细竹竿作经纬，棚顶铺设带叶枝材、稻草等不易腐烂的遮阴材料。建棚时，棚顶可多放些枝材、稻草，以便根据不同季节调控遮阴度。棚的四周围设遮阳网或草苫（彩图 4－4）。

2. 塑料拱棚 可根据情况搭建塑料大棚、中拱棚或小拱棚等 3 种不同规格的塑料拱棚。

（1）塑料大棚 塑料大棚保温性好，管理方便，适合夏季凉爽的中高海拔地区。可以用竹、木或钢管作骨架，顶覆塑料薄膜。棚顶高 2～2.1 米，肩高 1.2 米，宽 4～5.5 米，长不超过 40 米。棚内按宽 1.5～1.8 米、高 15～20 厘米的要求做 2 个或 3 个畦床，畦间留 0.5 米宽的通道（彩图 4－5）。

（2）中拱棚 中拱棚保温性好，管理方便，适合夏季炎热的中低海拔地区。可用竹竿或钢管搭建，顶覆塑料薄膜。棚高 1.5 米左右，宽 2.5～2.9 米，长 10 米左右。每两畦合为一个单元，畦间留 0.5 米宽的通道（彩图 4－6）。

（3）小拱棚 小拱棚保湿性好，降温性能优，适用于夏季气候炎热的低海拔地区。可用小竹竿或毛竹片拱成，顶覆塑料薄膜。棚高 0.5 米左右，宽 1～1.5 米，长 8～10 米（彩图 4－7）。

3. 双拱组合栽培设施 双拱大棚由内、外拱棚组合而成。外拱棚跨度 8 米，肩高 1.4～1.5 米，顶高 3 米，长 41～51 米；内拱棚跨度 7 米，肩高 1.4～1.5 米，顶高 2.5 米，长 40～50 米。外拱棚覆盖遮阳网，内拱棚覆盖塑料薄膜（彩图 4－8）。

四、栽培技术

（一）原料准备

1. 树种选择 壳斗科、桦木科、金缕梅科、杜英科等木质比较坚硬、树皮不易脱落、边材多、芯材少、营养丰富的阔叶树种（只要是能够用于段木香菇、黑木耳栽培的树种）均可利用。含有树脂、松节油、樟油等杀菌性物质及芳香类物质的树种（如松、杉及樟树、桉树等）不宜选用。不同的树种栽培灵芝效果不同。河南省选用青冈栎、枫香、麻栎、黄连木、榆树等树种较多，选用青冈栎栽培灵芝，具有菌丝生长速度快、子实体及孢子粉产量高、色泽好等优点。

2. 原木砍伐与截段* 砍伐时间一般以物候为准，通常“叶黄砍树”。当芝树的叶片三成变黄的时候，便可以砍树，直到芝树将要萌芽为止，此期均为砍树适期。河南省树木砍伐期为11月中旬至翌年1月下旬。原木的直径一般为5～20厘米，以8～12厘米为最佳。枝丫材、边材均能利用。砍伐后的原木修去枝丫，取直径3厘米以上的主、侧枝，运输中减少树皮机械损伤，遮阴存放，防止阳光直射造成树皮开裂。

河南省灵芝短段木熟料栽培有不完全脱袋芝棒立摆覆土和全脱袋芝棒横卧覆土两种栽培模式，以不完全脱袋芝棒立摆覆土栽培模式为主。两种栽培模式均能充分利用枝丫材，操作管理方便，利于灭菌和发菌，菌材污染率低，生产出的灵芝产品适合加工。采用该两种栽培模式时，为减少水分散失，在砍伐后15天内，把原木截段，木段长度为15厘米，要求断面平整，截口和木段成直角。

截断后应晾晒1～3天，一般当段木断面中心有1～2厘米长的

---

* 根据《森林法》，采伐林木必须依法办理采伐许可证，并严格遵守采伐限额和作业规程。对于自种的林木，尽管所有权归个人所有，但当其达到一定规模或涉及特殊区域及树种时，同样需遵循相关规定进行管理。本书余后相关内容同。——编者注

微细裂痕时，段木的含水量为38%～42%，较为适宜。对砍伐早、较干燥的原木，为达到适宜菌丝生长的段木含水量，在截段前或截段后需浸水5～24小时，保证原木的含水量在40%左右。

3. 原木修整　原木截段后，削去截面四周的毛刺，刮平周围树皮尖锐部分，以防刺破袋子。把粗段木从断面中心部位平均劈为四瓣，或在段木截面上劈几道"十"字形裂痕，以利于装袋、灭菌和菌丝培养（彩图4-9）。

（二）装袋和灭菌

1. 装袋　选用一端封口的高密度低压聚乙烯塑料袋装段木料，袋的规格筒径宽17～20厘米、长33～35厘米、厚度0.04～0.05毫米。装袋时，把锯木屑在水中拌和后，用勺子等器具把拌和好的木屑填充到塑料袋底端。加大木屑的含水量，利于灭菌，并可提高段木块的含水量使其维持在40%左右。把劈好的段木块大小搭配装进塑料袋，尽量装实些。发现被段木块刺破的塑料袋，须用胶布粘住砂眼或微孔。袋口用细绳活结捆扎。装入段木块的塑料袋称作料袋。同时，为便于搬运、堆放，可再用透气的编织袋装盛料袋。

2. 灭菌　灭菌分为常压灭菌和高压灭菌两种方式，生产上以常压灭菌为主。常压灭菌形式较多，常用的有堆积灭菌、灭菌小车常压灭菌等。栽培灵芝的段木原料重量大，数量多，堆积灭菌法最常用。

（1）堆积灭菌　这种方式是直接将料袋堆垛，用塑料薄膜、保温材料覆盖，使用锅炉蒸汽灭菌，又称为蒸汽发生炉罩膜灭菌。具体方法如下：

①根据需灭菌料袋数量搭建灭菌仓底座（支架）。整平并压实地面（最好是水泥地面），其上铺厚度0.06毫米的薄膜，用直径10厘米以上木棍或足够强度的钢管搭设底座（支架），支架底部与地表保持10～15厘米的距离。将锅炉蒸汽管道引至支架下适当位置，蒸汽管道出口布置要均匀。

②码袋罩膜。在灭菌仓底座上叠放10～11层装盛有料袋的编

织袋，为使蒸汽均匀循环，确保灭菌效果，装盛有料袋的编织袋在堆放时要相互留有约5厘米的空隙。为能时刻观察到灭菌料堆内部温度，需将压力式数显温度计的感应探头置于料堆下部。料袋堆码完后，料堆外用厚度0.08毫米的塑料薄膜作为罩膜盖上，罩膜外再盖一层保温材料，底部用沙袋等压紧压实，防止蒸汽掀开罩膜（彩图4-10）。但应注意在料堆下部预留4个透气孔，用于排放冷空气，并促进蒸汽流通。

③灭菌要求。把灭菌锅炉的水加到规定的水位线即可进入灭菌程序。烧火时，注意“攻头、保尾、控中间”，当罩膜鼓起时，打开透气孔排放冷空气。“攻头”是指在尽可能短的时间内，使料堆底部温度上升至100℃，此过程根据待灭菌料袋数量和蒸汽量的多少而定，若一次性灭菌10 000袋，应在10小时以内使料堆底部温度达到100℃。“保尾”是指灭菌结束前，加大火力，使温度保持在100℃，随后进入“焖制”阶段。“控中间”是指控制蒸汽阀门大小或火力大小，使料堆内的温度不掉温，始终维持在98～100℃，并保持45～48小时。

④灭菌注意事项。加温过程中要适时加水，保持水在规定的水位范围内，加水过程中要保证罩膜内温度不下降。灭菌时，要注意灭菌锅炉的蒸汽发生量与灭菌料袋数量相匹配，灭菌袋数增加，应相应延长灭菌时间，但一次灭菌量不宜太多，以免造成灭菌不彻底，增加菌袋感染概率。灭菌过程应始终有蒸汽从透气孔溢出。灭菌结束后，进入“焖制”阶段，待料堆内部温度降至60～70℃时，揭开罩膜，趁热将料袋搬运到接种棚（接种室）内冷却。搬运应十分小心，防止硬物及砂粒刺破塑料袋，如发现塑料袋破口，要趁热用胶布将洞口封住。

（2）灭菌小车常压灭菌　直接将盛有料袋的编织袋放置在周转小车层架上，推入常压灭菌仓内，然后用锅炉蒸汽上进气、下排气的方式灭菌。由于灭菌小车之间具有较好的蒸汽流通性，若一次灭菌5 000袋，在100℃温度下维持25小时即可。灭菌结束后，还应再“焖制”8小时以上，使段木块进一步软化、熟化。

（三）接种与发菌

1. 接种 料袋（盛有料袋的编织袋）搬入接种箱（接种室、接种帐等）之前，清理干净接种箱（接种室、接种帐等）。在料袋运入前一天作消毒处理：一般用二氯异氰尿酸钠等消毒剂进行空间熏蒸消毒，消毒剂使用量为每立方米空间用量4～6克，密闭熏蒸时间12小时以上。料袋入室（棚）前，在地面上垫一层干净的塑料薄膜，将接种用具（凳子、盆、胶带、75%酒精棉球、刀片等）放入室（棚）内。料袋（盛有料袋的编织袋）移入接种室（棚）内，成排叠放，每排间距0.5～0.8米。当袋温降到50℃以下时，把检查好的菌种、消毒剂放进室（棚）内，再作一次熏蒸消毒，密闭熏蒸30分钟以上（连续接种时，一般只进行第二次消毒）。

选留的菌种，要求菌丝洁白、健壮浓密、无杂菌污染、无褐色菌膜，菌龄不超过35天。接种前，需对菌种进行预处理，将其用0.2%高锰酸钾或75%酒精等消毒剂清洗，沥干后，划破菌种袋底部或破瓶从底部开始取种块，距袋口1～2厘米的菌种弃之不用。

当料温降到30℃以下时开始接种。在接种室、接种帐等操作空间较大的接种设备内接种时，接种人员要做好个人卫生，进入前先换工作服、鞋子，洗手、戴一次性乳胶手套和一次性帽子。进入后，用75%酒精棉球擦拭双手，4～6人一组配合接种操作，一人取种，其他人解扎袋口。接种动作要迅速干练，解开一个袋口接一次种，减少料袋在空气中的暴露时间。接入的菌种不能过碎，以豌豆粒大小为宜。接种后袋口尽量向里扎紧，使菌种与段木截面紧密接触，有利于种块萌发吃料。每立方米段木料用种量80～100瓶（袋）。接好种的料袋在发菌室（棚）内可8～10排为一行，高不超过1.6米，行间留0.5～0.6米宽通道，以利于通风和检查发菌情况。

2. 发菌管理 通常选用培养室或塑料薄膜大棚作为发菌场所，也可在民房、厂房、库房或其他空房内发菌。室内发菌，温度较稳定，利于发菌管理。而塑料大棚内发菌，温度变化快，需加强温度管理。

菌袋移入前，清理干净培养室（棚），用2%～3%甲酚皂溶液对空间喷雾消毒，之后每立方米空间用66%二氯异氰尿酸钠烟剂4～6克熏蒸。室（棚）内要求清洁、干燥、通风、遮光。随菌袋培养环境、培养设备、菌袋大小、发菌阶段和自然气温的不同，菌袋摆放方式也应不同，具体摆放方式要灵活掌握。常用的菌袋摆放方式有层架摆放和地面墙式摆放两种。摆放菌袋时，要轻拿轻放，并要注意菌袋的防护，如地面垫上麻袋、塑料袋等物，防止菌袋被刺破。

灵芝发菌的最适温度范围因品种而异。发菌期常把菌袋温度调整为20～30℃，尽量不低于15℃、不高于30℃，以“前高后低”为调控原则。接种后，若气温低于20℃，应进行加温，保持室温22℃左右，促使菌种早萌发、早定殖。常用的升温保温措施是：增加菌袋摆放密度、加温、覆盖草苫等。菌丝旺盛生长期，菌丝体产生较多热量，菌袋内部温度高于外部温度，菌袋内温度可比培养室气温高3～5℃，为防止菌袋内温度上升到32℃以上而出现“烧袋”或“烧菌”现象，应以菌袋温度为准进行发菌温度调控。常用降温措施是：适当打开门窗通风换气、疏散菌袋、降低菌袋堆码层高、在发菌棚外覆遮阳网或草苫遮光等。为准确掌握发菌温度，可将数显式温度计的测温探头置于菌堆中部以测量菌温（彩图4-11）。

在暗光或无光环境下发菌。可用遮阳网、草苫等遮光发菌。适量的散射光可刺激原基分化，防止因光照过强致使发菌未结束就出现原基而影响发菌效果。

发菌期空气相对湿度控制在70%以下，湿度过大要及时通风降湿，防止滋生杂菌。

接种后7～10天，菌袋内的氧气可以满足菌丝生长的需要。当灵芝菌丝蔓延封面，向纵深生长，生长速度明显变慢或发菌室有较强的菌香味时，表示菌丝需氧量得不到满足，可进行翻堆，调整交换菌袋上下层、内外层的位置，逐渐加大通风量，促使均匀发菌。发现被杂菌感染的菌袋要及时挑出，另行堆放培养。常用的通风换

气措施是：开闭通风口、菌丝长满料面并形成菌膜时微开袋口等。

发菌期每隔20天对培养空间环境作一次消毒处理，常用浓度为0.2%～0.4%的过氧乙酸或100～500毫克/升的二氧化氯溶液进行空间喷雾。

在短段木外表已全部形成灵芝菌丝体后，为让菌丝发透，从营养生长向生殖生长转变，仍需按照与菌丝培养相同的温度条件进行后熟培养，以利于充分积累营养。例如，在22℃的培养条件下，早熟品种后熟时间15～20天，中熟品种后熟时间20～25天，晚熟品种后熟时间30～35天。同时需增强散射光量，促使菌丝成熟（彩图4-12）。当段木间菌丝连接紧密、难以分开，出现部分红褐色菌被，段木轻压微软有弹性，劈开段木，其木质部呈浅黄色或米黄色，有部分原基形成时，即段木发菌达到生理成熟，可以覆土出芝。一端感染杂菌的芝棒，覆土后杂菌受到抑制，未感染一端还可以出芝，可以单独覆土栽培管理。

灵芝品种、段木树种、培养温度、短段木块的大小及装袋方式不同，菌丝满袋时间也不同，菌丝培养时间一般需要1～3个月。

（四）出芝管理

1. 排场覆土 清明节前后，当旬日最高气温稳定在15～20℃时开始安排出芝。

（1）炼棒 把生理成熟的芝棒运到遮阴平棚，呈墙式码放（彩图4-13）或横卧式码放于地面，炼棒7天左右，再脱袋排场。炼棒应避免强光直射。炼棒的目的：一是促使芝棒适应外界自然环境；二是促使运输过程中损伤的菌丝体重新愈合，减少杂菌感染。

（2）整理畦床 选择无雨天气，清除地面杂草、碎石等杂物。清理场地时，注意防治白蚁。按照选定的灵芝栽培模式，整理畦床。要求土壤含水量在16%～18%，含水量不适，需要晾晒或灌溉，当达到适宜的含水量后，再整理畦床。一般挖地表土5～10厘米深，把挖出的土堆在畦边备用，畦底整理成为一个平面。

（3）芝棒脱袋 按照选定的灵芝栽培模式，在覆土前对芝棒脱袋。脱袋方式有不完全脱袋和全脱袋两种。采用芝棒立摆覆土出芝模式的，常用不完全脱袋法，即从菌袋下部1/3～1/2处割去下部塑料袋，不完全脱袋覆土既能保持芝棒水分、减少病虫害的发生，又有利于芝棒吸收土壤养分，常用于雨水相对较少的地区。采用芝棒横卧覆土出芝模式的，常用全脱袋法，即将塑料袋全部脱去，全脱袋覆土既有利于芝棒吸收土壤养分，又有利于芝棒中水分的蒸发，常用于雨水相对较多的地区。

（4）排场覆土 芝棒割袋后，按照间距5厘米、行距10厘米左右的密度，将芝棒整齐排放在已挖好的畦中，边排芝棒边覆土（彩图4-14），使芝棒上表面处于一个平面，在芝棒间填满土壤。

不同的段木灵芝覆土出芝方式，其覆土厚度不同，采用不完全脱袋芝棒立摆覆土出芝方式的，覆土与芝棒顶面相平或略高于芝棒顶面（彩图4-15）。采用全脱袋芝棒横卧覆土出芝方式的，覆土高过芝棒2厘米左右，以芝棒不露土为标准（彩图4-16）。覆土的厚薄应根据栽培场地的土壤湿度适当调整，场地湿的覆土适当薄些，场地偏干的覆土要厚些。排场时，应将不同品种的菌棒分开排场，以免产生拮抗反应。为让灵芝生长整齐，应根据段木直径大小、菌丝生长好坏，将芝棒分开排场覆土，以方便管理。

（5）拱棚搭建 芝棒覆土后，应及时搭设拱棚，提高地温，使受损菌丝恢复生长。若覆土期遇雨，应在雨前用棚膜临时覆盖芝棒，防止已覆土芝棒淋雨霉变。

（6）菌袋开口 采用半脱袋覆土出芝方式的，覆土1周后，菌丝全部恢复生长，即可开口出芝。开口大小决定灵芝原基的多少，为使开口处现1～2个原基，可从袋口扎绳处将袋口塑料膜剪下，保留袋口折痕，不可把袋口塑料膜全部剪下。菌袋开小口，既防止出现较多原基、消耗较多养分，又减少了袋内水分的蒸发。菌袋开口后，及时盖上拱棚膜。

2. 出芝管理 人为地调控芝棚内温度、湿度、光照、空气，提供并满足灵芝不同生育阶段对环境条件的需求是获得灵芝优质高产的关键。

(1) 原基形成期管理 在出芝期间，要求土壤含水量在19%～22%。土壤适宜的含水量可以稳定空气相对湿度，但土壤水分含量长期过高，会使菌丝窒息死亡。可通过安装微喷系统喷水或人工喷水调节空气相对湿度和土壤湿度。采用全脱袋覆土出芝的，因喷水导致芝木上覆土层被冲刷掉或覆土下陷露出芝木时，应及时补上覆土。喷水要均匀，使土壤保持湿而不黏的状态。

为促进原基分化形成，可适当提高光照度以增加畦床温度，尽量使棚内温度不低于 22℃。原基形成需要适量的散射光照，但阳光直射条件下不能形成原基。芝木埋土后，一般进行半阴半阳管理，保持光照度在 2 000 勒克斯左右。棚内空气相对湿度保持在85%～90%。此期一般不需要揭膜通气，在观察生长情况时开启、覆盖薄膜即可调节通气。通常芝棒覆土后 8～20 天，畦床上或者菌袋开口处开始分化出瘤状的白色原基（彩图 4－17），之后，原基伸长，基部逐渐变为黄褐色。

(2) 菌柄伸长期管理 原基形成以后，以保温保湿、适当通气为主。此时气温回升较快，注意棚内温度应保持在 30℃以下。空气相对湿度保持在 85%～90%。若空气相对湿度低于 70%，已形成的原基会干枯死亡。二氧化碳具有刺激菌柄伸长的作用，为促使原基伸长，可减少通风次数，但要防止二氧化碳浓度超过 0.1%而产生畸形灵芝。调整光照度在 3 000～6 000 勒克斯，避免因光线过弱而使菌柄瘦长。灵芝趋光性很强，若光照不均，易产生弯曲菌柄。

菌柄伸长初期（彩图 4－18），疏去瘦小、细长芝蕾或原基，对生长过快的菌柄保留基部 3～5 厘米长，剪掉其余部分，用作接穗。对没有出芝的芝棒，可进行嫁接，通常把疏去或剪掉的原基（芝蕾）削成楔形，插于芝木顶部的树皮与木质部之间，同时稍用力按楔形原基两侧的芝木使原基固定。控制每段芝木上的芝蕾数量，通常直径 15 厘米的芝木保留 1 个芝蕾，直径超过 15 厘米的芝木保留 1～2 个芝蕾。芝棚中出现杂草，应及时拔除。疏芝、嫁接工序完成且组织愈合后，若畦床泥土发白，土壤含水量低于 19%时，要适量洒水，待水下渗后，在畦床上铺设地膜。铺设地膜既能减少土壤水分蒸发、预防病虫草害，又能防止芝体受泥土污染，还可采用地膜法收集孢子粉。在雨水较少地区，以及搭建中、小拱棚栽培段木灵芝时，适宜铺设地膜。

(3) 菌盖扩展期（芝盖形成期）管理　当菌柄长到5厘米左右时，菌柄伸长期结束，条件适宜时，菌柄顶端的白色生长点横向生长并分化成菌盖（彩图4-19)。此期气温较高，日照强烈，水分蒸发快，灵芝呼吸作用旺盛，生长量大，日扩展菌盖可达0.7厘米（彩图4-20)，管理以增湿保湿、降温、通风、适当增加光照度为主。棚内空气相对湿度保持在85%～95%，低于80%，菌盖不扩展或扩展缓慢，高于95%，易引起缺氧而形成畸形灵芝，管理上要加大喷水量和喷水次数，根据天气情况，每隔1～3天要喷水1次，空气特别干燥时，每天早晚各喷水一次。温度保持在28～32℃。灵芝是恒温结实型菌类，温差过大易形成畸形子实体，菌盖表面皱褶，在18～28℃，两天一次变温，菌盖表面形成轮纹状。当棚内二氧化碳浓度积累达到0.1%时，不能形成正常的菌盖，已形成菌盖的，菌盖生长圈畸形或停止生长。为此，要增大通风量。当空气中二氧化碳含量高于0.05%时，晴天，拱形棚两端薄膜白天卷起，空气相对湿度、气温较高时，可把棚膜全揭开通风，夜间封闭棚膜增湿，减少昼夜温差；雨天，封闭棚膜，以免被雨水冲刷。调节荫棚顶部的稻草等遮阴物，对遮阴棚进行半阴半阳管理，保持光照度3 000～15 000勒克斯。为防止菌盖相互粘连，可用竹、木等将相距过近的灵芝菌柄轻轻撑开，让其各自长成完整的单柄优质灵芝。

(4) 子实体成熟期管理　灵芝菌盖开始弹射孢子时，灵芝子实体生长即进入成熟期。此期棚内空气相对湿度保持在75%～90%，温度保持在22～30℃，并有充足氧气和较强的光照，利于菌盖扩展、增厚和孢子散发。水分管理是尽量少喷水，保持土壤湿润状态即可，喷水会将孢子粉冲掉；防止雨水滴入孢子粉而使其结块（彩图4-21)，降低商品价值。菌盖扩展到最大、黄边基本消失时，呼吸作用加强，孢子粉大量弹射，管理重点是加盖遮阴物降温和通风降温增氧，避免孢子粉向芝棚外弹射过多。晴天，中、小拱棚两

端留直径30厘米左右的通风口，昼夜敞开；大棚两侧薄膜向上卷至离畦床面6～8厘米高，以利通风及降温增氧。雨天，封闭通风口，防止雨水冲刷灵芝。暴雨过后，要及时将被雨水冲刷的芝棒扶正埋好。当菌盖长至不再增大、盖缘变成褐色并与中部一致、菌盖下面色泽鲜黄一致时，子实体完全发育成熟（彩图4-22），应及时采收孢子粉及灵芝子实体。段木灵芝从菌盖开始弹射孢子至采收一般需35天。

（五）后茬管理

短段木熟料灵芝栽培，根据菌棒大小、菌棒用材、灵芝品种及培养条件的不同，一般收获2～3茬灵芝。

后茬灵芝有两种茬次安排办法：

1. 第一年采收两茬，第二年采收一茬 第一茬灵芝采收后，对芝棚和四周场地做一次清理，扫除易滋生病虫害的载体，拔除棚内畦床及四周的杂草，整理走道和排水沟，加固棚架，视畦中土壤含水量情况，补水一次；保持棚内较高的空气相对湿度，调节芝棚中的温度和光照。经3天时间，在菌柄剪口上长出黄色或白色生长点（彩图4-23），生长点伸长膨大形成菌柄和菌盖。此时进入二茬灵芝生长期管理，管理方法同第一茬。第二茬灵芝采收后，若段木质地较硬，可加强管理，使其在第二年继续萌发出芝。

2. 第一年只采收一茬，第二年采收1～2茬 此种茬次安排，可在第二年收获一茬品质较好的灵芝。

灵芝菌棒越冬方法依栽培模式及各地气候而异，河南省灵芝短段木熟料栽培，冬季拱棚不去除，可起保温作用。第二年气温回升后，子实体从袋口长出（彩图4-24）。若段木完全腐朽，一踩即烂，则表明不能再出灵芝了。

（六）采收干制、分级包装、贮藏和运输

1. 采收

（1）根据市场行情决定是否采集孢子粉 若采集孢子粉，一般

一年只收一茬灵芝，一个菌棒上除可采集15～20克孢子粉外，还可再采收30～35克灵芝干品。否则，收两茬灵芝。

（2）灵芝采收标准 当子实体菌盖边缘白色消失时，进入成熟期，此期菌盖不再扩展，但可继续增重、增厚，适当控制通风有促进子实体生长作用。当子实体菌盖边缘黄色部分消失，完全变为褐色时，即可采收。

（3）灵芝采收方法 灵芝采收时，用修枝剪从芝盖以下3厘米部位剪去（彩图4-25），留下菌柄以利再生第二茬灵芝。在收二茬灵芝准备过冬时，用手握住菌柄基部，从菌材上摘下。灵芝采收时，不可手握菌盖，以免菌盖背面附着孢子粉，使色泽不均匀，从而降低商品质量。

采芝过程要轻采轻放，防止碰伤、压伤或沾上沙土等杂质。雨天不得采收，下大雨后至少隔2天采收。

（4）孢子粉采集方法 常见采收孢子粉的方法有地膜法和风机吸附法。地膜法收粉时，先用毛刷将菌盖上的孢子粉扫进干净的容器内，停1～2天，菌盖表面颜色恢复正常后，即可采收灵芝子实体。待灵芝采收后，再用毛刷把地膜上的孢子粉扫进不锈钢勺内，随后放进干净的容器内（彩图4-26）。从菌盖上收集的孢子粉称“菌盖粉”，从地膜上收集的孢子粉称“地膜粉”，这两种操作步骤采收的孢子粉因纯度不同，要分别盛在不同的容器内。也可用风机吸附法采集孢子粉，即用吸风机吸附芝棚内飘浮的孢子粉。两种采粉方法均可有效防止子实体发霉，达到既收粉又收芝、提高子实体质量的目的。

2. 干制

（1）采收后立即干制 假如灵芝采收后放置时间过长，在酶的作用下会使芝体失去原有色泽，进而变色、发霉，影响灵芝品质。所以，灵芝采收后应迅速干制。灵芝干制有晒干和烘干两种方法，也可将两种方法结合起来，将灵芝在晴天晒半干，然后放入烘箱烘干。

（2）灵芝晒干法 晒干时，把灵芝放在架子上的竹帘、钢筛上

面，菌盖背面向上均匀排开，在强日光下晒半天后翻个面继续晾晒。在强日光下晒2～3天，再停晒1～2天，让灵芝返潮，然后再晒1～2天，直至含水量降至12%。

（3）灵芝烘干法

①烘干前处理技术。灵芝采收后，运往干燥室，立即装入烘筛中干燥。没有条件立即进行干燥的鲜芝不要堆积，应放入预备烘筛中，置日光下或通风处，防止灵芝变色、发霉。

分级装筛：按灵芝菌盖大小、厚薄分别装筛，将芝盖侧放或芝盖向上、芝柄向下放置，避免重叠。

合理摆放：分级装筛后，将其合理摆放于干燥机内。上部摆放小灵芝，中、下部摆放个大、盖厚的灵芝。

②干燥技术。烘烤温度要先低后高，逐步上升，但不能超过65℃，以免烧焦子实体。整个灵芝干燥过程应一次完成，避免中间有间断。

选用合理的干制程序：在45℃的温度下烘2～3小时，然后将温度调至60～65℃，再烘12小时以上，直至将灵芝烘干至菌盖坚硬，含水量为12%。未完全干燥便停止烘干，干芝易生霉、受虫蛀，且卖价低。相反，过度干燥，干芝生产率低、易碎。

实际烘干过程中由于不同的品种、不同的摆放方式、不同的地域、不同客户对品质的要求，每段烘干时间和烘干温度需要适当调整。

3. 分级包装、贮藏和运输　将经烘干的灵芝放在通风的库房进行冷却。按照灵芝分级标准进行分级包装。灵芝要二层包装，内层用聚乙烯塑料袋密封包装，外层用编织袋或纸箱包装。长途运输或长期贮藏，应在塑料袋内放置小袋包装的无水氯化钙作为吸湿剂。每一箱（袋）外应注明产品名称、产品标准号、质量等级、重量（毛重、净重）、包装日期和经销单位名称。“怕湿”“小心轻放”“堆码高度”等储运图示标志应符合有关规定。每箱净重为20千克。

灵芝的贮藏分箱贮和袋贮。贮藏库房要求具有良好的通风换气条件并保持干燥。贮藏前库房打扫干净。门窗要遮光，空气相对湿度70%以下。堵塞鼠洞，严防鼠害。灵芝的适宜贮藏期以10～12个月为宜。霉变、虫蛀的灵芝，以及含水量大于12%的灵芝不能用于贮藏。

灵芝干品价值昂贵，一般用集装箱运输。装车时，要根据纸箱的强度确定堆码高度。袋装时，高度不宜超过5层，防止干灵芝在运输中被压碎或变形。运输时轻装轻卸，防止碰撞和挤压。

五、病虫害防控

（一）常见杂菌的种类及污染原因

1. 常见杂菌的种类　灵芝栽培中常见杂菌有：细菌与酵母菌、木霉、青霉、毛霉、根霉、链孢霉、曲霉、截头炭团菌等。灵芝栽培的整个过程都可能感染杂菌，忽视每一个环节都将造成重大损失。

2. 污染原因

（1）原料变质　主要是装袋时气温较高，装袋后没有及时灭菌，放置时间过长。培养基灭菌时升温时间过长，均可造成培养基变性发酸等。

（2）塑料袋质量不高　塑料袋质量不高易形成微孔。

（3）灭菌不彻底　常出现堆叠不合理，造成死角，蒸汽流通不畅。袋破或底层袋泡水造成水袋。灭菌时间不够或中间加水降至100℃以下时间太长。

（4）环境污染　前一年被污染的袋子和出过芝的老袋，没有及时清理销毁；以及当年被污染的袋子在房前、屋后、马路边晾晒，使大量杂菌孢子在空气中飞扬，造成环境污染。

（5）消毒不彻底　接种室和培养室消毒不彻底或消毒用品失效，用量不足，方法不正确。

（6）菌种不合格　①菌龄老化，萌发力差；②纯度不够、带有杂菌；③棉塞潮湿；④高温、变温培养的菌种。

（7）接种过程不规范　接种过程中的无菌操作观念差，接种室

断断续续开窗开门通风，甚至接种室门窗敞开。

（8）菌种被烫 灭菌后，接种时料袋温度未降至 30℃以下时就开始接种，造成菌种被烫伤或烫死后不萌发并感染杂菌。

（9）湿度过大 培养室内湿度过大，通风不良。

（10）高温烧菌 菌种萌发覆盖料面后的迅速生长期，菌袋内温度急剧上升。早春气温迅速回升，致使发菌期袋温急剧上升。发菌期菌袋内温度升至 32℃以上，但未及时疏袋散热，造成烧袋，致使绿霉等杂菌严重感染，难以救治。有时，高温烧菌后，病害症状没及时表现出来，但由于灵芝菌丝受损严重，芝棒割袋下地后，病害很快暴发。

（11）芝棒成熟度不足 灵芝菌丝体成熟度不足，没有达到下地时的成熟度标准而急于将芝棒下地，芝棒下地剪口后仍易感染杂菌。

（12）太阳直射、暴晒菌袋 菌袋覆土后，日照强烈，迅速升温，芝棚遮阴度小（甚至没有遮阴），致使菌袋菌丝被太阳直射甚至暴晒受损而感染杂菌。

（13）芝棒下地后灌水 由于是不完全脱袋栽培，芝棒下地后灌水，芝木表面及菌袋内的水分不能很快从袋内蒸发出来，过高的土壤水分会切断段木菌丝的氧气供给，致使芝棒呼吸不畅窒息死亡后感染杂菌。

（二）常见害虫的种类及习性

1. 灵芝谷蛾 鳞翅目谷蛾科。灵芝谷蛾在灵芝原基形成至芝盖生长期都为害灵芝子实体。越冬幼虫一般在 5 月中下旬化蛹羽化，幼虫从子实体的幼嫩部位蛀食进入，使菌盖出现许多蛀食孔道，并排出成串的颗粒状粪便，气候潮湿时，排出物黏结引起灵芝子实体腐烂。成熟幼虫在灵芝的蛀孔内做茧化蛹，羽化后蛹壳被成虫带出虫道口，1 年发生 2～3 代，以幼虫做茧越冬。

2. 灵芝夜蛾 鳞翅目夜蛾科。该虫以幼虫取食灵芝菌盖背面的菌肉，形成弯曲隧道，虫道两旁布满褐色子实体粉末和虫粪。

3. 球蕈甲 鞘翅目球蕈甲科。是灵芝生产上的一种主要害虫，幼虫钻蛀取食为害，从芝盖或芝柄处侵入，在表面留下小圆孔。

4. 毛蕈甲 鞘翅目小蕈甲科。幼虫取食干灵芝，并将其蚕食殆尽，使灵芝子实体成空壳或粉末，从而失去食用价值。成虫和幼虫耐干燥，含水量10%的干灵芝都可受侵害，可将塑料薄膜包装咬破。夏季高温期为害严重。

（三）病虫综合预防

病虫防治应遵循“预防为主，综合防治”的方针，可将病虫为害降低到最低。在防治上主要采取农业防治和物理防治措施，化学防治措施尽量少用。

1. 农业防治措施

（1）换茬、轮作，切断病虫食源 同一块芝地上下茬应隔2年以上，其间轮作农作物。不同年份的2块芝地相距100米以上。

（2）选择菌种、接种时间 选用抗病性强、生活力强、高纯度的菌种。在病虫害活动少的季节接种，可在11月接种发菌，以减少病虫害的侵染机会。

（3）保持制种及栽培场所环境清洁干燥 选择芝场时，宜按照设施的地点选择要求，选用远离村庄、土壤肥沃、无污染、通风向阳、前茬没栽培过食用菌等符合条件的地块。

（4）改善环境条件 加强通风透气，控制温度，改善局部光照条件，达到消除杂菌的目的。

2. 物理防治措施 ①强化基质灭菌或消毒处理，保证熟化菌袋的纯无菌程度。灭菌期常压100℃维持24～30小时，确保杀死基质内的一切微生物和芽孢。使用的菌袋韧性要强、无微孔，封口要严，装袋时操作要细致，防止破袋。②规范接种程序，严格无菌操作。③安全发菌，防止杂菌、害虫侵入菌袋。④芝棚长度控制在8～10米，利于病虫害防治，减少病虫害的交叉传染。⑤在栽培场四周开沟，撒上生石灰，防止白蚁侵入。⑥采用直接烘烤法干制灵芝可有效杀灭虫卵、幼虫和成虫，防止贮藏期害虫为害。

3. 药剂防治措施 病虫防治时不使用国家禁止使用的高毒高残留农药，农药的使用按现行 GB/T 8321 执行。对生长期内的虫害，采用磷化铝片剂熏蒸杀虫。每次每 3 米^{3}空间放 2～3 片磷化铝，密闭 6～8 小时。储存灵芝的库房在使用之前用磷化铝密闭熏杀。杂菌感染严重、芝棒全部或大部分被污染或杂菌菌丝体侵入段木块内部的，要及时进行隔离或作销毁处理；芝棒局部被污染的，可涂抹石灰乳处理侵染部位，或将感染部位埋入土中，抑制杂菌生长。

第五章

山东省灵芝代料栽培

1987年山东省泰安市农业科学院开始分离泰山野生赤灵芝，并用棉籽壳为主料进行人工袋栽，1989年开始带动泰安市各地栽培，并且在聊城冠县等地形成规模栽培，1990年子实体开始大量出口韩国和东南亚等地，1992年泰安泰山区始建灵芝加工贸易企业。目前山东已发展灵芝栽培大棚2万余座，面积1 333.3公顷，年产灵芝子实体1万余吨、灵芝孢子粉5 000余吨、艺术观赏灵芝10万余盆。有资质、有规模的灵芝加工贸易企业40余家。山东的灵芝产量占全国的50%以上，交易量占全国的60%左右，艺术观赏灵芝占全国销量的70%以上，山东成为全国最大的灵芝种植和贸易省。子实体产区主要分布在聊城冠县、泰安岱岳区、菏泽定陶县、潍坊临朐县、青岛崂山区等地。加工贸易企业主要分布在泰安和聊城冠县。栽培模式主要是袋栽，也有少量段木栽培。出芝方式从墙式覆土栽培、仿野生栽培到立体墙式栽培，再发展到立体网格层架式栽培等多种形式，还有少量鹿角灵芝出芝模式。栽培基质包括棉籽壳、木屑、果树枝条、玉米芯、木糖醇渣。

一、主栽品种

山东省灵芝生产应用比较广泛的品种主要有泰山赤灵芝系列、鹿角灵芝等。这些品种由于具有适应性广、稳定性好、抗杂抗污染能力强、片大形好、生物学效率和商品率高等优点，深受山东省广大灵芝栽培者的青睐。

（一）TL－1（泰山赤灵芝1号）

国家认定品种。子实体单生或丛生；菌盖半圆形或近肾形，具明显的同心环棱，红褐色至土褐色，有光泽，腹面黄色，厚1～1.5厘米，直径5～20厘米；菌柄深红色，光滑有光泽，柱状，长1～2厘米（彩图5－1），特殊培养可长达10厘米以上。代料栽培发菌期45天左右，无后熟期。原基形成不需要特殊温差刺激，原基形成到子实体采收需60天左右；菌丝体耐受最高温度33℃，最低温度4℃；子实体耐受最高温度35℃，最低温度18℃。

（二）TL－2（泰山赤灵芝2号）

子实体单生；菌盖半圆形或近肾形，具瓦楞状环纹，纹凸，褐色，腹面黄色，厚1.1～1.6厘米，直径4～21厘米；芝柄深褐色，有光泽，柱状，一般长3～5厘米。菌丝生长温度15～32℃，最适温度26～28℃；子实体生长发育的温度以27～29℃最适宜，空气相对湿度以80%～90%为宜；原基形成不需要特殊温差刺激。

二、栽培季节

灵芝属于高温结实型菌类，根据其生物学特性，灵芝子实体发育与菌丝体生长所需适宜温度条件基本一致，但是子实体发育对低温敏感，尤其是原基形成到菌盖开始扩展时，温度稍有降低，灵芝的产量和质量就明显降低，而菌丝体生长时温度较低不会造成大的影响。根据这一特点，灵芝栽培适期应该是子实体发育适温时期。所以，利用自然温度大面积栽培时，旬平均气温22℃以上安排出芝为宜。适温出芝，原基大而饱满，出芝整齐，容易管理。菌种生产和栽培袋的菌丝体培养可以提前安排。山东省于12月中旬即可安排制作母种，翌年1月上旬开始安排制作原种，2月中旬安排制作生产种，3月下旬开始制作栽培袋，自然温度下经50天左右发满菌袋，5 月中旬即可开始安排出芝，当年可采收 1～2 茬；或用液体菌种，于制作栽培袋前 10 天制作即可。具体的栽培时间，应根据当地气候特点和规模大小具体安排，在有控温设施的条件下，适期范围可以扩大。

三、设施设备

灵芝产地环境应符合 NY/T 391 的规定。栽培场地应远离工矿业的“三废”，选择地势平坦开阔、环境清洁、交通便利、通风良好、给排水方便的地方，芝棚周围 300 米范围内无禽畜养殖场、无垃圾场、无污水污物，水源水质清洁，符合 GB 5749 生活饮用水卫生标准，土壤无污染。

芝棚应保温保湿，通风良好、无直射光，光照度 400～1 500 勒克斯，入口处应建有缓冲间，通风口安装防虫网，棚内悬挂诱虫板和杀虫灯。灵芝栽培菌袋入棚之前，芝棚要严格消毒。山东省灵芝的栽培方式为熟料栽培，采用立体墙式栽培、立体网格层架式栽培、仿野生栽培等多种形式。由于灵芝生长需要高温、高湿和较强的散射光，在各种栽培方式中以半地下墙式袋栽较好，投资少，管理方便，产量高，质量好。

半地下芝棚建造是将地面下挖 80 厘米，用竹竿或者钢架搭建成两边高 2 米、中间高 2.5～3.0 米、宽 9 米的塑料大棚，面积 600～900 米^2，易于控制病虫害的发生。上搭保温被，使棚内形成适宜灵芝生长的散射光。棚内分左右两边，中间留 1 米宽走道，两边与走道垂直做畦埂，畦埂宽 40 厘米，与走道平高，畦埂间距 80 厘米，畦埂之间为排水沟，深 25 厘米，以便灌水和排水。或以建筑用预制块作畦埂，摆袋出芝。也可用立体网格层架式栽培，垂直于芝棚方向安装网架，每行网架间隔 1 米左右，高度不高于 2 米，便于作业，每个网格的大小视栽培袋的规格而定，该栽培方式可有效避免覆土栽培土壤中重金属污染的弊端。

四、栽培技术

（一）原料准备

栽培料配方因地制宜，根据当地原料情况进行选配。木屑加麸皮或玉米芯是山东省传统栽培灵芝的基本原料，大多数阔叶树木屑均可，但以壳斗科树种最佳，榆木和楸木较差。之后，大规模栽培主要以棉籽壳为主料，添加部分麸皮或玉米芯，容易获得优质高产灵芝产品。近年来，随着棉籽壳原料成本的增加，目前栽培灵芝原料部分用木糖醇渣，价格低廉，效果好。常用配方如下：

配方一：木屑 78%，麦麸 20%，蔗糖 1%，石膏 1%。

配方二：木屑 70%，麦麸 25%，黄豆粉 2%，磷肥 1%，糖 0.5%，石膏 1.5%。

配方三：棉籽壳 85%，麦麸 10%，过磷酸钙 3%，石膏 2%。

配方四：木屑 42%，棉籽壳 42%，麦麸 15%，石膏 1%。

配方五：棉籽壳 75%，麦麸 20%，玉米粉 2%，糖 1%，磷肥 1%，石膏 1%。

配方六：木糖醇渣 84%，麦麸 10%，豆粕 2%，石灰 3%，石膏 1%。

配方七：木糖醇渣 78%，麦麸 15%，豆粕 1%，过磷酸钙 2%，石灰 2%，石膏 2%。

配方八：木糖醇渣 66%，玉米芯 20%，麦麸 10%，石灰 3%，石膏 1%。

以上所用原料应新鲜、无霉变、无虫蛀、干净、干燥，木屑应过筛，剔除硬木屑等杂质，防止刮破菌袋。由于木屑吸水性差，拌料时应提前一天预湿，防止留有干料，造成灭菌不彻底。

（二）装袋和灭菌

选用新鲜、无霉变、无虫蛀、干净、干燥的原料，任选一配方，按配方称取原辅料，机械拌匀，料水比例一般在 1∶(1.2～1.4)。对培养料的水分要求，因其通透性而异。通透性差的含水量应低一些，通透性强的含水量应高一些，如以棉籽壳为培养料，含水量通常以60%～65%为宜，木屑麸皮培养料的含水量以60%左右为宜。根据实际情况，以拌料后用手握一把料，指缝间有水滴渗出，但不滴下为宜。灵芝喜中性偏酸基质，pH5.5～6.5为宜，棉籽壳麸皮培养料一般不需要调节，自然酸碱度即可。高温季节拌料后应及时装袋，拌好的料不能过夜，防止酸败。

将培养料拌好后，闷半小时后装料，使培养料吸水充分、均匀，硬的培养料变软，防止划破菌袋。装袋前，应检查栽培袋有无破损，破损袋一律不能使用，防止灭菌后杂菌再次侵染，影响发菌和出芝。灵芝栽培袋一般采用17厘米×37厘米聚乙烯塑料折角袋，抱筒式装料，机械窝口，接种棒封口；或采用18厘米×39厘米聚丙烯塑料袋，机械装料后整平料面，四周压实，袋口和袋的外面要擦洗干净，机械扎口，每袋可装干料0.4千克或0.6千克，填料松紧度要适宜，过松、过紧都影响灵芝的生长发育，导致总产量下降。装袋后及时进行常压蒸汽灭菌或高压灭菌，以防培养料发酵变质。采用常压蒸汽灭菌时，将料袋放在蒸架上，以使蒸汽流通、灭菌彻底，当料袋内温度达到100℃时维持12小时，停火后再闷12小时即可出锅晾袋，待料袋温度降至28℃以下时即可接种；采用高压蒸汽灭菌，在0.11兆帕蒸汽压力下灭菌维持3小时，闷2小时，待压力自然降至0时，开锅出袋。

（三）接种与发菌管理

1. 接种 接种可在棚内搭盖塑料简易移动式接种帐进行接种，最好用超净工作台、接种箱或无菌室内流水线接种。接种前一定要对接种室、接种箱和接种工具严格消毒，以免杂菌污染，提高接种的成功率。具体做法是：先将灭菌后冷却的料袋和经75%酒精表面消毒的原种瓶（袋）以及清洗干净的接种工具，放入接种室或接种箱内，接种前一天，关闭门窗，用克霉灵烟雾剂熏蒸接种场所，若装有紫外灯，可打开紫外灯同时灭菌，效果更好。接种用具如接

种铲、匙、钩等，在接种时先经酒精灯火焰严格进行杀菌后，才能用于菌种转接。转接过程中，应时常进行火焰杀菌。接种方法：在已消毒的超净工作台、接种箱或接种帐内点燃酒精灯，用灭菌镊子剔除菌种表面的老化菌层，打开料袋两端的扎口，将菌种均匀撒在料面上，不要集中在袋口以免影响发菌和出芝；料袋接入液体菌种，每袋接种量 15～20 毫升。接种完毕立即封口，接种过程应尽可能缩短开袋时间，严格做到无菌操作，减少污染。可以用液体菌种接种。有条件的可采用机械化无菌接种。

2. 发菌　将接种后的菌袋移到培养室或就地码垛进行发菌培养，搬运过程要轻拿轻放，防止损坏塑料袋。培养室或塑料大棚在使用前 3 天应预先用克霉灵烟雾剂熏蒸，密闭门窗一昼夜，做好消毒灭菌处理。培养室内发菌菌袋分层放在床架上，一般每层放6～8层菌袋高，袋与袋之间应留有适当空隙，以利于气体交换；或菌袋放入浅筐内于发菌架上发菌。塑料大棚内发菌将菌袋沿畦埂方向垂直摆放在畦埂上，袋与袋之间留 2 厘米空隙，高度不能超过 7 层，防止烧菌，影响菌丝的生长。发菌期温度控制在 23～26℃ 为宜，早春季节气温较低，菌丝也可生长，但生长速度慢一些。空气相对湿度控制在 70%以下，一般自然湿度即可。发菌期结合温度、湿度情况进行通风换气，保持空气新鲜，每天通风 2～3 次，每次 40 分钟。发菌期不需要光照，黑暗条件下菌丝生长良好。要避免强光照射，光照过强抑制菌丝生长，并易引起菌丝老化发黄。

接种 5 天后，要开始检查袋口两端及菌袋四周是否有杂菌污染，发现杂菌污染及时处理。为使各层菌袋生长一致，培养过程中每隔 10～15 天结合检查杂菌要翻垛一次，经 50 天左右菌丝即可发满菌袋。

在袋栽的情况下，发菌期生活条件容易满足，管理应不困难。但是生产实践中，往往出现菌丝细弱、生长缓慢的现象，出现这种情况，多半是因为培养料灭菌不彻底，耐高温菌的繁殖使料温升高或厌氧、兼性厌氧菌引起培养料酸败，进而抑制了灵芝菌丝体的生长。这时，要尽快散堆降温、加强通风换气，改善环境状况，以利于菌丝恢复生长。因此，发菌期要注意第一批投料的发菌状况，如出现上述问题，要延长后续灭菌时间，提高灭菌效果。

还需要注意的是，灵芝出芝适温与菌丝体生长适温相同，发菌未结束就出现原基，不利于菌丝体培养，也影响出芝管理，因而要加以控制。具体措施是：在适宜温度范围内取较低的温度发菌、遮光培养，不要提高空气相对湿度，更不要松袋口加强通气，防止原基形成，直到发菌结束。

（四）出芝管理

只要菌丝体生长发育健壮，原基形成就比较容易，但是为了达到优质高产，还需要创造最佳的培养条件。首先，温度要控制在25～30℃的适温范围内，避免出现较大温度波动，促使料面原基集中隆起、稳健生长，为长成圆整、个大、厚实、无分枝、不重叠的菌盖打下基础。其次，空气相对湿度要达到80%～90%。同时给予充足的光照和良好的通风条件，防止出现料面干燥、空气闷热或过度阴暗潮湿等不良状况。

1. **菌袋摆放**　栽培袋发满菌后即可摆袋出芝。立体墙式栽培（彩图5-2），将栽培袋沿畦埂方向垂直摆放在畦埂或预制块上，码成墙跺式，袋与袋之间留2厘米空隙，利于通风，摆放高度不超过8层，如超过8层，层间用竹竿隔开，栽培袋两端开口出芝。墙式覆土立体栽培（彩图5-3），将发满菌丝的栽培袋脱掉2/3的塑料袋，排放在地上，未脱袋的一头朝外，两两相对，袋与袋之间、层与层之间填湿土，顶部再覆一层土，垒成墙式。立体网格层架式栽培（彩图5-4），每个网格放一个栽培袋。

2. **菌袋开口**　开口要及时，不要让原基在开口前长出来。开口操作技巧性很强，袋栽（包括脱袋畦栽、墙式栽培、覆土栽培、立体网格层架式栽培）要求在原基形成前，先从扎绳处剪去袋头，轻轻松口或不松口，或在将要形成原基的菌膜隆起处开口，促使原基圆整、饱满，防止多头、分叉。折角式栽培袋去掉封口物即可。

3. **原基期**　菌袋开口6～7天后，栽培料表面原基集中隆起，

在袋口处形成指头肚大小的白色疙瘩，即灵芝的原基（彩图 5－5）。原基期环境温度控制在 25～28℃，空气相对湿度 85%～90%。为保证芝棚里的湿度，可每天向排水沟灌水 1 次。如湿度达不到要求，可采用超声波雾化盘向空中喷雾，禁止向原基喷水，防止湿度过大子实体霉变、腐烂。原基期对二氧化碳敏感，每天要打开通风口通风换气，保持空气新鲜。原基生长阶段，保持芝棚里有散射光照，光照度 500～2 000 勒克斯。

4. 开片期 灵芝开片期（彩图 5－6）空气相对湿度控制在 85%～90%，每天向排水沟灌水 1 次，增加棚内湿度，为始终保持灵芝棚里的湿度，可以采用雾化盘向棚内喷雾，灵芝刚开片时，喷雾量不可过多，不宜向芝片上喷水。芝片稍大时，喷水量可逐渐增加，可向芝片上轻轻喷雾，如湿度过大，在已形成的芝片上会引起霉菌感染，影响产品质量、产量。光照度要求 2 000～3 000 勒克斯，二氧化碳浓度不超过 0.1%，如得不到良好的通风和光照，芝片不易形成，不长菌盖，只长菌柄，形成鹿角一样的畸形灵芝。环境温度控制在 25～30℃，低于 25℃或者高于 30℃都会造成子实体发育不良，变温不利于子实体分化和发育，容易产生厚薄不均的分化圈。因此，调整通风、温度、湿度和光照间的关系，是开片期的关键。

5. 成熟期 子实体经 30 多天的生长发育进入成熟阶段，芝片边缘白色生长点消失（彩图 5－7），菌盖不再扩展，边缘开始增厚，芝片增重，芝片木质化加重。此阶段适当控制通风，空气相对湿度在 85%左右，对芝片成熟有促进作用，同时防止高温高湿霉菌发生，影响芝片商品性。

6. 环境综合调控

（1）湿度管理 灵芝子实体生长期管理从原基形成至采收结束。此期是夺取丰收的关键，主要管理目标：及时调整温度、湿度、通风与光照等限制性因素，满足菌盖形成的必需生活条件。

灵芝子实体形成期，特别是菌盖迅速增大时气温高、蒸腾量大、需水多，栽培袋内原有的水分满足不了灵芝所需，养分的供应也因水分不足而受到限制。所以，保持适宜湿度、减少过度蒸发和增加水分供应，对于提高灵芝产量十分重要。其主要措施有以下2个方面：

①每天向空间雾化喷雾。使地面始终保持湿润，空气相对湿度达到90%左右；菌盖较大时，可以向子实体雾化喷水。但不要直接向原基和幼芝上喷水；菌盖开始成熟、孢子粉大量散发时，也不要向菌盖喷水，以免冲掉孢子粉，影响商品性。

②采用覆土栽培。培养料长满菌丝后，脱袋覆湿土，土内随时可以补水，保证了水分供应，同时土壤通气性好、热容量大，改善了气热状况，因而可以大幅度提高产量。墙式覆土栽培芝房空间利用率也比较高。

（2）空气调节　灵芝子实体发育对空气状况反应敏感，通气不良、温度又较高时菌盖难以正常形成，如果湿度也较高，在已形成的原基或菌盖上，会引起细菌或霉菌感染，对产品质量、产量影响很大。主要防治措施：原基形成后，要经常注意观察其形态变化，如果原基长度超过3厘米，不横向伸展，甚至分叉，就应通过开门窗、掀揭薄膜、增加通气孔等措施，增强通风换气。

通风换气常与保湿有矛盾，在具体掌握上要互为前提、同时兼顾，一般在湿度难保持的情况下，以提高湿度为主，适当通风，在湿度较高的情况下，应尽量加强通风换气。

（3）光照和温度控制　灵芝喜欢较强的散射光，夏季棚室内自然光可以满足灵芝对光照的需要，生产上应主要避免阳光直射和过于阴暗两种极端情况。在春末、秋初温度较低时，给予较强的散射光，有利于子实体发育，可以提高产品质量。

对于温度条件，只要按季节适期栽培，较容易控制，主要是通过覆膜、盖草帘等措施，防止低温；通过喷水、通风和掀揭薄膜，防止高温。如采用墙式覆土栽培，温度比较稳定，好控制。但是当培养料灭菌不彻底时，栽培袋排放后，容易产生30℃以上的高温，超过35℃时，子实体生长受到严重抑制，应尽快在墙中间注水降温。

（五）采收和干燥

1. 收集加工孢子粉 子实体经过35天左右时间生长发育，表面呈现出漆样光泽，即可释放孢子。释放孢子前，排水沟灌水1次，于第三天将灌水沟和走道铺上塑料薄膜，不露地面，以便把散发的孢子粉收集起来。同时减少通风量，防止孢子粉被风吹走，定时通微风，每天2～3次，每次30分钟，芝棚内不再喷水。经过7～10天，孢子陆续释放完毕，将塑料薄膜上的孢子粉收集起来，芝片上的孢子粉（彩图5-8）用毛刷轻轻扫下也收集起来，及时晾干、包装、出售。或用风机采收，灵芝孢子粉的采收及加工应符合GB/T 29344—2012《灵芝孢子粉采收及加工技术规范》的规定。

2. 采收干燥子实体 灵芝成熟后抗逆抗杂菌能力减弱，应及时采收。选择晴天采收，采收时用利刀或枝剪从芝柄根部割下或剪断芝柄，留柄蒂0.5～1厘米，不带培养基。采下的灵芝应及时放在干净的晾晒架上，严防杂物黏附。采收时，要逐一检查，采收那些已经完全成熟、表面覆盖着一层孢子粉的灵芝，而没有开始弹射孢子的灵芝，暂时不要采收，待孢子释放后再采收。

新鲜灵芝的含水量较高，不易储存，所以灵芝采收后，要在2～3天内晒干或烘干，否则，腹面菌孔会变成黑褐色，降低品质。采收后按规格要求剪去芝柄，放于晾晒架上，腹面向下，一个个摊开，连续晒3天，10天后再晒1次；也可以在40～60℃下烘干，温度由低慢慢升高，不可过高，防止烤焦或芝片变形，失去商品价值。待芝片含水量降至13%以下，冷却后即可装袋封口，置于干燥的室内保存或出售。

（六）转潮管理

灵芝子实体采收后，停水养菌2～3天，提高湿度至90%～95%，温度保持在25～28℃，待7～10天后又可在原来菌柄的位置继续长出子实体，继续按照前一阶段方法培养管理。

经上述栽培管理，干灵芝的生物学效率可达14%～16%，且畸形芝少，子实体商品率高。

五、病虫害防控

灵芝栽培过程中，主要病害是木霉、绿霉（青霉）和链孢霉，主要虫害为花蚤科、夜蛾科害虫；贮藏过程中主要受窃蠹科、谷蛾科害虫为害。病虫害控制应尽可能减少化学农药的使用，必要时采用低毒低残留或无残留、选择性强的高效药物安全防治。一般按照“预防为主，综合防治”的方针，坚持“农业防治、物理防治、生物防治为主，化学防治为辅”的原则，以规范栽培管理技术预防为先，采取综合、安全的无公害防控措施。现就灵芝主要病虫害的发生及防治方法介绍如下。

（一）病害防控

木霉、绿霉（青霉）和链孢霉在发菌和出芝期间均可发生。青霉初期的菌丝为白色、松絮状，产生分孢后，为浅绿色或蓝绿色。木霉初期菌丝为灰白色或白色浓密棉絮状，不久便产生黄棕色、黑色或深绿色的分生孢子。链孢霉在高温高湿的夏季为害严重，主要在培养料袋口和子实体根部及边缘蔓延极快，产生大量的橘红色粉状孢子。霉菌在温度高、湿度大和不通风的条件下容易滋生和蔓延，其繁殖力强，菌丝和子实体均易受到伤害。灵芝在发菌期被侵染后，菌丝生长受到抑制，严重时不能产生子实体；子实体被侵染后，则失去商品价值，严重时会造成绝产。对于轻度污染，菌丝可选用克霉灵注射，子实体可用克霉灵加石灰擦洗或覆盖；严重时选择清除、火烧或深埋。

霉菌为害目前尚无补救方法，防治霉菌重在预防：①培养基灭菌要彻底。②接种过程中，坚持无菌操作。③菌袋在移入发菌室及芝棚过程中，要轻搬轻放，避免人为损坏而造成污染。④发菌期保持发菌场所及周边环境的洁净卫生，定期消毒，每天通风换气，发菌温度严格控制在28℃以下，及时检查发菌情况，发现杂菌污染

袋，及时挑出，集中处理，防止污染其他菌袋。如果发现有链孢霉污染的菌袋，立即用纸或塑料薄膜把污染部分包扎紧，拿到远离培养室的地方深埋或烧掉，并用高锰酸钾水溶液等消毒剂擦洗培养架，之后再用5～10毫克/米^{3}的臭氧消毒30分钟，防止链孢霉暴发。⑤出芝期定期对棚内外环境消毒灭菌，栽培袋进棚前，将大棚整体消毒灭菌，包括空间、墙面、覆土材料等，减少病源。芝棚要保持良好的通气条件，防止棚内温度、湿度过大，杂菌滋生。在原基期不要直接向开口处及原基上喷水，采收后将料面清理干净，挖除病料，及时处理。

（二）虫害防控

1. 主要害虫

（1）花蚤科害虫

形态特征：成虫体长3～5毫米，卵圆形，体色褐色至黑褐色。幼虫体长5毫米左右，长筒形，体色乳白至乳黄色。

发生规律：成虫在大棚的土块下、土缝中或周围杂草根际越冬。4月下旬至5月越冬虫开始活动产卵，6—7月幼虫开始为害，7月上旬至8月中下旬羽化成虫，2代幼虫交互为害。7—8月是灵芝生长旺盛期，也是该虫大发生期。在温度20～30℃、湿度85%以上，尤其是光线较暗的大棚内，成虫群集量较大。

为害症状：幼虫取食菌丝，造成原基难以形成。成虫主要取食刚分化的原基及子实体的幼嫩部分，受害的子实体边缘凹凸不平，难以形成平滑边缘，商品价值降低。原基受害出现凹凸不平的小圆坑，严重时不能分化形成正常的菌盖、菌柄，出现畸形，影响质量和产量。

（2）夜蛾科害虫

形态特征：成虫为中到大型的蛾类，体较粗壮。幼虫体细长，腹足3对，行动似尺蠖。

发生规律：以老熟幼虫结茧越冬，4月下旬至5月上旬羽化，在灵芝培养料上产卵，卵期平均5天左右，5月中旬以后幼虫开始为害。

为害症状：成虫不为害。幼虫取食菌盖背面或生长点的菌肉，造成隧道，并在虫口处布满褐色子实体粉末和虫粪，严重时整株子实体被蛀空。

（3）窃蠹科害虫

形态特征：成虫体长3毫米左右，圆筒形，暗褐色到暗赤褐色，小甲虫类。幼虫体长3毫米左右，乳白色至淡棕色。

发生规律：该虫最高发育温度38℃，最低为18℃，最适为34℃。

为害症状：成虫、幼虫均蛀食仓储子实体，将子实体咬成碎末。

（4）谷蛾科害虫

形态特征：成虫为体长5毫米左右的小型蛾类。

发生规律、为害症状：主要以幼虫蛀食栽培中的灵芝或仓储中的灵芝，严重时将灵芝蛀空，留下大量褐色小颗粒粪便。

2. 防控措施 ①消除栽培场所及周围的垃圾、杂草等，减少越冬虫源。②芝棚使用之前，用菊酯类药物喷洒一遍。③芝棚通风口设置防虫网，防止成虫迁入。④芝棚内通过安装20瓦的黑光灯、粘虫板或放置毒饵诱杀等措施进行消毒灭虫。⑤夜蛾科、谷蛾科害虫发生时，可进行人工捕捉。适当降低菇棚内空气相对湿度，提高光照度，能有效减弱花蚤科害虫的为害。发现虫害，用菇净1 000倍液喷雾能及时驱赶成虫、杀死幼虫。⑥仓储灵芝用塑料袋封闭，先进行冷冻处理，再进入常温保存。入仓前进行空仓消毒，消灭仓内潜藏的害虫。贮藏中发现害虫，可用磷化铝熏蒸，每吨灵芝用药3～4片，密闭5昼夜以上。注意，熏蒸后必须先通气1～2天，人员再进入熏蒸过的库房。

总之，栽培过程中要避免灵芝病虫害的发生，重在预防，创造适合灵芝生长而不适合病原菌生长和虫害发生的环境条件，将病虫害消灭在萌芽状态，从而得到优质、高产、安全的灵芝产品。

第六章

浙江省灵芝段木栽培

浙江省海拔5～1 929米，年平均降水量1 800毫米左右，雨水充沛，气候四季分明，生态类型多样，灵芝资源丰富，品质上乘。早在20世纪80年代，浙江省就开始人工栽培灵芝，20世纪90年代初开始大规模进行段木栽培灵芝，并逐渐形成了集菌种培育、种植、加工、销售为一体的灵芝产业化体系，成为了灵芝种植、加工的主产区和主销区。随着人们生活水平的提高，保健意识越来越强，灵芝作为从古到今富有盛誉的中药材，受到人们越来越多的关注和喜爱。

目前浙江省灵芝的栽培规模为66.7公顷，主要分布在丽水、金华、湖州以及杭州的部分地区，其中丽水龙泉市是浙江省灵芝栽培的核心产区，栽培规模在60公顷以上。随着灵芝栽培技术的成熟和栽培工艺的优化，越来越多的栽培模式在灵芝上应用推广。灵芝的栽培模式从传统的段木栽培发展到代料栽培、工厂化栽培以及近几年的林下仿野生栽培，形成了符合我国国情的栽培技术体系。本章主要介绍浙江省灵芝栽培的段木熟料大田栽培和段木熟料林下栽培两种模式。

一、主栽品种

据赵继鼎对中国灵芝科真菌的种类和分布情况的报道，以及Lin Meihua、范黎、何绍昌、吴兴亮对灵芝科新种的发现报道，在2000年出版的《中国真菌志·灵芝科》中收录4属98种灵芝，包括灵芝属、假芝属、鸡冠孢芝属、网孢芝属，分布于我国29个省份。

目前我国在栽培上使用的主要是赤芝。浙江省灵芝栽培使用较多的品种及其特性如下。

（一）沪农灵芝1号

上海市农作物品种认定证书编号：沪农品认食用菌（2004）第055号。由上海市农业科学院选育。该品种子实体质地坚硬，菌盖扇形、近圆形、直径13～21厘米，菌丝生长速度快，适宜段木栽培，孢子粉产量高。出芝适宜温度为24～28℃。

（二）龙芝1号

浙江省农作物品种认定证书编号：浙认菌2018004。由龙泉市兴龙生物科技有限公司、浙江省农业科学院园艺研究所、龙泉市张良明菌种场选育。该品种发菌快，孢子粉和子实体产量较高，芝体朵形平整、厚实，多糖、三萜类含量较高。出芝适宜温度为24～28℃。适宜在浙江省海拔300～800米区域段木生产。

（三）龙芝2号

浙江省农作物品种认定证书编号：浙（非）审菌2013005。由龙泉市兴龙生物科技有限公司、浙江省农业科学院园艺研究所、龙泉市张良明菌种场选育。该品种长势强，子实体产量高、商品性佳。出芝适宜温度为23～28℃。适宜在浙江省自然条件下段木生产子实体。

二、栽培季节

在灵芝的栽培季节安排中，主要通过管理措施创造适合灵芝生长的温度、湿度、光照、空气等方面的条件，最大限度地利用大自然的气候资源，节约成本，提高效益。段木灵芝菌棒制作期选在

11 月下旬至翌年 2 月下旬为宜，但为了年内多收获灵芝（2～3 潮芝），减少出芝年数（由 3 年缩短为 2 年），应尽量提前制作菌棒，让菌丝有足够的发菌时间，分解和贮备充足的养分，提高当年灵芝的产量和质量。虽然，段木灵芝菌棒经前两年可长 3 潮芝，第三年仍会生长部分灵芝子实体，但前两年的产量占 85%以上，而且第三年长的灵芝质量也较差，却占了一年的土地及生长季节，所以大部分芝农只收获前两年的灵芝，第三年就还田于其他农业生产。

三、设备设施

（一）发菌场地

发菌场地一般建在栽培场地旁，选择通风向阳、土质疏松、排灌方便、近水源、无其他同茬农作物生长、前两年没有栽培过灵芝、四面环山的地方。外部搭建高 1.8～2.5 米的钢架连栋大棚或竹木荫棚，棚顶用遮阳网等遮阳材料（或采用黑白膜）覆盖，棚架四周用遮光材料围严。荫棚要确保能遮阳光又能通气保温、无雨淋。

（二）栽培场地选择与准备

灵芝覆土栽培场地要求环境整洁、植被良好、地势开阔、水源方便、排水良好、土质疏松，具有较好的保水透气性。在江浙一带海拔 300～700 米，夏秋最高气温在 36℃以下，6—10 月平均气温在 25℃左右比较适宜灵芝生产。坐西北、朝东南方向的地方更利于灵芝生长。

根据近年对不同栽培场地、不同栽培规模段木灵芝栽培效果的调查，发现栽培场地是否开阔、自然通风是否顺畅，直接影响到出芝率和产量的高低。凡坐落在闭塞式山沟、小盆地的地方，空气流动性差，滞留时间长，易引起霉菌的大量发生，造成大部分菌棒不出芝，对灵芝栽培效益产生极大影响。栽培规模大，栽培棚连片面积过大，也同样会产生栽培棚通风不良问题，不利于灵芝的生长。

栽培场地在覆土前选晴天深翻暴晒泥土，同时按每亩撒生石灰40～50千克对地块和表土进行驱虫和杀菌消毒后，整理畦块，去除杂草、碎石等杂物，按照宽1.5～1.8米、高15～20厘米的要求做畦床，畦间留0.5米宽作通道，长度随地形和栽培量决定。在畦床四周开好排水沟，防止雨天积水。

（三）出芝畦床制作及棚架搭建

在畦床上搭建栽培棚架，有两种栽培棚架模式。一是大棚：每2畦或3畦搭建一个弓形塑料大棚，棚高2～2.5米，在离棚顶20厘米以上的高度再搭建一个平棚架，上面覆盖遮阳率为90%以上的遮阳网，这种大棚保温性好，管理方便，适合夏季凉爽的中高海拔地区；二是小棚：每畦用毛竹片架起小拱棚，上覆薄膜，在约2米高处搭建一个平棚，覆盖遮阳率为90%以上的遮阳网，这种小棚保湿性好，降温性能优，适用于夏季气候炎热的低海拔地区。在棚架四周也需用遮阳网围严，为灵芝子实体生长提供一个防雨、防晒、保湿、通气的环境条件。

（四）水池建造和滴灌设施安装

大棚棚顶架设喷水降温水管，配备抽水泵1～2台，建造10～30米^{3}的水池。

四、栽培技术

（一）段木熟料大田栽培

1. 原料准备 原木砍伐时间在11月下旬至翌年2月上中旬，即在落叶树进入冬季休眠后、春季树液流动前进行较好。砍伐后的原木剔去细小枝条，取直径6厘米以上的主、侧枝，运输中注意减少树皮机械损伤，遮阴存放，防止阳光直射造成树皮开裂。在砍后15天内把原木按25～30厘米长度截段，对砍伐早、较干燥的原木，在截段前或截段后浸水5～24小时，保证原木的含水量在

40%左右（彩图6-1）。

2. 装袋和灭菌 原木截段后，用柴刀割去木段截面四周的毛刺、剔除分枝条、刮平周围树皮尖锐部分，以防刺破袋子，用(30～36) 厘米×(60～70) 厘米、厚0.06～0.08毫米的聚乙烯筒袋装入原木料，先用塑料绳扎好袋子一端，装入截好的原木后，再扎好另一端。原木直径过大的，可劈成小块装袋；直径较小的，可多条装入同一袋子，尽量装得实些，两端袋口都用活结捆扎，便于接种时操作。装入塑料袋中的段木叫料袋。

灭菌法有常压灭菌灶蒸汽灭菌法和蒸汽发生炉罩膜灭菌法。栽培灵芝的段木原料重量大、数量多，为便于搬运，常采用蒸汽发生炉罩膜灭菌法（彩图6-2），该法场地选择灵活，可在料袋加工厂边灭菌。先在地上用原木、木板或木条搭建一个一面开口的方形框架，长、宽、高各2米左右，在框内地面上先放一层木板架子，其上铺油布、灭菌用罩膜，再在薄膜上放上木架子，蒸汽管置于架子下面中间位置。在架子上叠放料袋，料袋堆叠好后，把油布和罩膜四边拉到堆顶，封好，用沙袋、木板压牢固，开口处另用木板门架封上堵牢。用低压聚乙烯筒袋把蒸汽灭菌炉与通入蒸汽管连接好，把蒸汽灭菌炉的水加到规定的水位线即可开始烧火，用旺火烧到罩膜内温度达到98℃以上，并连续保持12小时，才可以停火降温，注意加温过程中要适时加水，保持水在规定的水位范围内，加水过程中要保证罩膜内温度不下降。有两种加水方法，一是定时添加高温热水，二是连续少量灌注冷水。

对灭菌灶的要求，主要是灶内蒸汽要流通顺畅，使全部料袋温度升至98℃以上，并连续保温12小时，中间加水不降温。段木灵芝栽培，灭菌是否彻底是栽培成败的关键之一。

灭菌结束后，不能马上开罩，待内部空间温度降至60～70℃时撤去门架，揭开罩膜，趁热将料袋搬到接种棚（接种室）内冷却。搬运应十分小心，防止硬物及砂粒刺破塑料袋，如发现塑料袋破口，要趁热用胶布将洞口封住，如袋内有积水，应及时倒出。

3. 接种 时间安排在1—3月。

进入接种室（棚）以前，接种人员要做好个人卫生，头、手洗干净，穿干净衣裤，束发或戴帽子，戴口罩。预备75%酒精棉球、刀片、塑料胶带。进入接种室内，用75%酒精棉球擦拭双手消毒，4～6人一组配合接种操作，一人取种，其他人解扎袋口。由于灵芝接种量大，直接用手取种，刀片割开菌种袋后，抓一把菌种，快速撒入袋中，布满段木截面。一般两头接种，接种后扎紧袋口，防止杂菌侵入。接种动作要迅速干练，解口与接种相配合，解开一个袋口接一次种，减少料袋在空气中暴露时间，撒入的菌种不能过碎，以豌豆粒大小为宜，既能铺开较大面积，菌种恢复也快。接种后袋口尽量向里扎紧，使菌种与段木截面紧密接触，有利于种块萌发吃料。接好种的料袋可3排成一行，高不超过2米，行间留0.8～1米宽通道，以利于通风和检查发菌情况。

4. 菌棒培养　培养室选用整洁的培养房或塑料薄膜大棚，可接种后搬入培养。也可以接种室与培养室兼用，即接种室接种后，料袋就地摆放、就地培养。灵芝菌丝的培养不需光照，培养室的窗门用黑布遮掩避光；大棚培养的在料袋上覆盖遮阳网，大棚外覆双层遮阳网遮光。接种后，控制培养室温度在22℃以上。若气温过低，可用炭火在培养室或大棚内加温；每天中午通风2小时，防止室内二氧化碳积累过多；以后由于菌丝自身代谢发热，要酌情调控室温，如遇高温闷热天气，应早晚开门窗以通风与降温。当灵芝菌丝蔓延封面，向纵深生长，长速明显变慢时，表示菌丝需氧量得不到满足，可以用刀片在袋口下划一道缝，以利增氧发菌。同时对菌棒翻堆，调整交换上下层、内外层的位置，均匀发菌。发现有杂菌感染的及时挑出，另行堆放培养。同时培养期每隔20天对培养室或大棚空间作一次消毒处理，用0.1%的克霉灵进行空间喷雾。菌丝爬满段木后，为让菌丝发透，从营养生长向出芝生长转变，还需继续培养，并增强散射光接收量，促使菌丝老化，前后需2～3个月。

5. 出芝管理

（1）芝棒成熟度判断　段木外表已全部发满灵芝菌丝体后，再

在弱光环境中培养 20 天以上，段木间菌丝连接紧密难以分开，出现部分红褐色菌被，段木轻压微软有弹性，劈开段木其木质部呈浅黄色或米黄色，部分芝木有芝芽形成，这样的段木发菌达到成熟，可以覆土出芝。一端受杂菌污染的芝棒，覆土后杂菌受到抑制，灵芝可以完成出芝生长过程，有一定的栽培价值，可以单独覆土栽培管理。

(2) 芝棒覆土 在畦上开挖浅沟，泥土堆在畦边，沟中浇透水，待水渗干、无积水时，脱去芝棒外塑料袋，把芝棒横卧排放在畦中，芝棒间距 5 厘米、行距 10 厘米左右，边排芝棒边覆土，并使芝棒上表面处在一个水平面，在芝棒间填满泥土，覆土高过芝棒 2 厘米左右，覆土厚度与栽培场地的湿度有关，场地湿的覆土适当薄些，场地偏干的覆土要厚些。为让灵芝生长整齐，对不同树种、不同直径的芝棒，以不不同生长情况的芝棒应分类，分别进行排放（彩图 6 - 3），方便管理。

(3) 出芝管理 灵芝出芝期温度应为 20～32℃，最适 25～28℃。温度的忽冷忽热、台风和冷空气的袭击，都会影响灵芝的正常生长；湿度是保证灵芝菌柄伸长和菌盖扩展的关键因子，空气相对湿度在 90%左右较适宜，低于 80%对生长不利，高于 95%易引起缺氧而出现畸形；土壤适宜的含水量可以稳定空气相对湿度，但过高的土壤水分会切断段木菌丝的氧气供给，影响菌丝对木质营养的分解积累，窒息死亡；空气要新鲜，二氧化碳对菌柄的伸长有一定的促进作用，但当二氧化碳积累达到 0.1%时，灵芝子实体就不能正常发育，不能形成正常的菌盖，产生鹿角状分枝；已形成菌盖的，菌盖生长圈会产生畸形而停止生长。一定的散射光能诱导子实体原基的产生，2 000～4 000 勒克斯最适合原基的产生和子实体的生长；灵芝生长有较强的趋光性，光线要均匀，遮阳网不可有明显的缺口，以防产生侧向光源。灵芝的出芝管理与天气、出芝状况密切相关，应灵活运用人工升温、降温、增湿、增氧、调光措施，满足灵芝生长对环境的要求。

①芝柄生长期。芝柄生长期是灵芝一个生长季的前期。此时温

度回升，以保温保湿、适当通气为主。若气温过低，应盖好薄膜增温，每天中午气温较高时，掀开棚两头薄膜通风换气。当芝芽大量形成时，适当减少通气，促进芝柄的生长（彩图 6 - 4）；芝柄长至 5～7 厘米时加大通风量，分化菌盖；棚内空气相对湿度在 85%以上，畦上土壤表面干燥，应勤喷水，保持湿润，喷水时防止将畦面上泥土溅到芝体上，使灵芝吸土污染，品质下降，使用大棚微喷设施增湿，管理方便，效果好。

②芝盖扩展期。此期气温较高，日照强烈，水分蒸发快，灵芝生长量大，呼吸作用旺盛，芝盖扩展生长（彩图 6 - 5），日扩展菌盖可达 0.7 厘米，这一时期要注意降温增湿保湿，防止二氧化碳积累，大棚两端白天整天敞开降温，夜间关上棚膜增湿，减少昼夜温差。小棚要每天掀去薄膜通风 1 次，每天在棚内外空间定时喷水降温增湿，畦床泥土发白的，要全面灌水 1 次，畦床上的杂草及时手工清除，防止杂草与灵芝菌盖粘连。

③芝盖增厚期。在芝盖扩展到最大、黄边基本消失、孢子粉大量弹射时期，管理以控温保湿为主，晴天开棚门降温，保持土壤湿润；雨天关闭一端棚门，湿度可以稍低些。

④疏芝整芝。优质灵芝要求朵大圆整，单盖或单柄双盖。而灵芝子实体在段木上的发生位置具有随意性，在一根段木上有的位置发生多个原基，有的原基又会形成多个子实体。为了保证灵芝的质量，减少丛生灵芝和粘连畸形芝，要对畦面上灵芝子实体数量、位置进行人为控制和调整，使大多数幼芝能长成芝形良好的成品芝。

疏芝：当灵芝原基形成、开始分化芝柄时，对相邻原基距离小于 10 厘米的进行疏芝，对一个原基分化多个芝柄的，原则上只留一个芝柄。具体方法是用锋利刀片，斜向削去多余原基体。疏芝时要掌握去细留粗、去弱留强、间距恰当的原则，一根 30 厘米长、直径 15 厘米的段木留 1～3 朵灵芝。

整芝：随着芝盖的生长，菌盖间距缩小，若相邻灵芝或同柄双盖灵芝间距过近，可用小树枝或鹅卵石将菌柄轻轻撑开，或者挖出段木调转方向以减少相互粘连，长成单柄优质灵芝。

6. 采收和干燥

(1) 孢子粉收集 孢子粉的采集技术有多种，有在相对封闭条件下采集和敞开式采集法。根据灵芝栽培方式不同而有所区别，代料墙式栽培方式一般采用套袋方法采集，而段木仿野生栽培方式应采用套筒采集技术。

段木灵芝优质孢子粉高效采集：段木灵芝菌丝生殖阶段经过50天左右的培养管理，灵芝子实体渐趋成熟，菌盖表面色泽一致，由黄色变成棕褐色；菌盖白色生长圈消失，边缘有卷边圈；菌盖不再增大而转为增厚，并发现灵芝有孢子粉弹射释放时，就可着手套筒。

①灵芝选择。选择朵形大，特别是菌盖厚的灵芝。菌盖厚、子实体层菌管长、孢子粉多，连续采收时间长、产量高。

②制作采粉套筒。取油光卡纸，裁成（16～20）厘米×（50～60）厘米的长方形纸板，用订书机连接两端，制成直径18～20厘米的圆筒。

③套筒时机。套筒时机的选择掌握两条原则：一是灵芝白边消失，停止向外扩张生长，转向增厚时套筒，过早套筒会形成畸形芝；二是孢子粉弹射4～5天后，开始进入旺盛期，这时套筒采集的孢子粉成熟、颗粒饱满、质量好。

④套筒前准备。套筒前将灵芝地上的泥土整平、压实，向灵芝菌盖和菌柄喷水，冲洗掉堆积在上面的泥沙和杂质，部分柄上用水冲不掉的泥沙，则用纱布或毛巾擦洗干净，防止采粉时泥沙混入。

⑤薄膜圆筒垫底。在整平的灵芝地上，铺上塑料薄膜，与地上泥沙隔离。在垫底薄膜上，要采粉的灵芝先要套上一个薄膜圆筒，下端在柄的底部用绳子系紧，上端与纸质套筒相接，便于取粉。

⑥套筒方法。成熟一只，套一只，逐个用套筒将灵芝套住，下部与接粉薄膜圆筒相接，紧紧套于其内，薄膜圆筒要比纸筒略大一点。纸筒上面盖上纸板，在相对封闭条件下，接受灵芝生殖阶段后期弹射的灵芝孢子（彩图6-6）。

⑦套筒后管理。套筒盖上纸板后，分畦罩上塑料薄膜，薄膜不能漏水，防止水滴进套筒而使孢子粉结块。要防止风吹掉盖板，影响采粉。孢子粉在气温25℃左右弹射，散发活动最为旺盛。低于20℃或高于31℃停止散发，要采用遮阴、通风等措施，将温度控制在25℃左右，空气相对湿度要控制在70%～90%的范围，湿度低于70%会过分干燥，使孢子粉的散发活动减弱甚至停止，高于90%会过分潮湿，也会抑制其散发。

⑧收粉时机。收粉要比灵芝采摘早5天进行，过早采收会影响孢子粉产量，采收过迟灵芝生长进入衰退期，孢子颗粒不饱满，灵芝底色也会变差，影响质量。

⑨收粉办法。套筒采集的孢子粉，分布在菌盖、地面接粉薄膜套筒上、纸筒边上和盖板下面。采粉时，首先将盖板和套筒上的粉刷下；然后小心提起地上接粉薄膜套筒，把粉刷下；最后再握住灵芝柄，将灵芝剪下，刷下菌盖上的积粉，再将灵芝倒放在筛子上，准备烘干。这时要十分注意，不能让粉沾染灵芝底部，以免影响灵芝底色。

⑩及时干燥。天晴时一边采收一边及时摊晒；遇阴天、雨天及时晾干。如果摊晒或晾干不及时，孢子粉容易发酵发酸而影响孢子粉质量。摊晒时下面垫薄膜，切不可垫报纸，以免报纸的铅污染孢子。未干燥的孢子粉，绝对不能用塑料袋长时间存放，否则将会发酵变质。

采用以上科学的扎袋套筒技术培育采集，使灵芝子实体释放的孢子，得到充分回收，达到孢子粉高产的目的、提高孢子粉的纯度。纯度是孢子粉的一个重要质量指标，扎袋套筒在封闭的条件下接受灵芝弹射的孢子，一方面使灵芝释放的孢子粉得到回收，另一方面又不使外界的泥沙及其他杂质混入，大大提高孢子粉的纯度。

（2）子实体采收 在灵芝子实体达到：①有大量褐色孢子弹散；②菌盖表面色泽一致，边缘有卷边圈；③菌盖不再增大转为增厚；④菌盖下方色泽鲜黄一致时，可采收。采收前7天内应停止喷

水、灌水。雨天不得采收，下大雨后至少隔 2 天采收。采收时，当年第一潮芝必须用剪刀从柄中上部剪下，留柄 3～4 厘米，让剪口愈合后，再形成菌盖原基，发育成二潮灵芝。但在收二潮灵芝后准备过冬时，用手握住菌柄基部从菌材上摘下，以便覆土保湿保温。采芝过程要轻采轻放，防止碰伤、压伤和沾上沙土和杂质。从芝棚里采收下来的灵芝在干制之前要进行修整，菌柄保留 2 厘米长，过长菌柄剪去，单个排列晒干，再烘干，达到菌盖碰撞有响声，再烘干至不再减重为止。

（3）干制

①孢子粉干燥。收孢子粉的灵芝品种在孢子粉采收后，剪去灵芝的柄，留下 5 厘米左右，在晴朗的天气摆放在阳光下晒干至含水量 10%以下；若遇阴雨天则直接烘干。

②子实体干燥。根据天气情况，灵芝子实体采收后要求 2～3 天晒干再烘干，否则腹面菌孔会变成黑褐色。晒干时将单个子实体排在竹筛上，腹面向下，一个个摊开。再于 65℃烘干 3 小时至含水量 10%以下。若遇阴雨天则直接用烘干机烘干（彩图 6－7），分别于温度 40～45℃和 55～65℃各烘 4～5 小时，即可达恒重。

（4）贮藏 将经烘干的灵芝放在通风的库房进行冷却，再进行装袋或装箱。堆高不超过 200 厘米，堆间留 80～100 厘米通道。

①箱贮。贮藏灵芝可用单朵纸袋包装后装箱，亦可裸芝装箱。每箱净重以 20 千克为宜。堆放高度视纸箱的耐压程度而定，但堆间应留 80～100 厘米通道。

②袋贮。一般为裸芝装塑料袋，外用编织袋。

贮藏库房要求具有良好的通风换气条件和保持干燥的能力，具有防晒、隔热、防冻、防雨淋措施。堵塞鼠洞，严防鼠害。贮藏前库房打扫干净，用生石灰消毒场地，用磷化铝杀虫灭蚊。门窗要遮光，保持通风和干燥，空气相对湿度 70%以下。翌年春季来临应特别注意虫害，贮藏期发生最严重的虫害是凹蕈赤甲。

灵芝的适宜贮藏期以 10～12 个月为宜。霉变、虫蛀的灵芝，以及含水量大于 12%的灵芝不能用于贮藏。

③**分级包装与运输。**按照灵芝分级标准（表6-1）进行分级包装。灵芝要二层包装，内层用塑料袋密封包装，外层用编织袋或纸箱包装。包装时应按等级分级包装，用纸签标明级别、重量（净重与毛重）、产地、日期、生产单位。长途运输或长期贮藏，应在塑料袋内用小袋包装，放入无水氯化钙作为吸湿剂。

每一箱在箱外注明产品名称、产品标准号、质量等级、重量（毛重、净重）、包装日期和经销单位名称。“怕湿”“小心轻放”“堆码高度”等储运图示标志应符合有关规定。

表6-1 灵芝子实体分级标准

项目	特级	A级	B级	等外级
朵形	菌盖表面有云纹，如意形或标准肾形	菌盖完整，单生	菌盖完整，少有丛生、叠生混入	菌盖不完整有重叠，菌柄有粘连
色泽	不带孢子粉，菌盖亮红色至紫红色，表面有光泽	带孢子粉，色泽正常	带孢子粉，色泽正常	带孢子粉，色泽基本正常
菌盖直径（厘米）	≥12	8～11.9	5～7.9	≤4.9
菌盖中心厚度（厘米）	≥2.0	≥1.5	≥1.5	≥1.0
菌柄长度（厘米）	≤2.5	≤2.0	≤2.0	≤1.5
芝背状况	菌盖背面无伤痕，色泽正常	菌盖背面干净，色泽正常	菌盖背面干净，色泽正常	菌盖背面干净，色泽正常
含水率	≤12%	≤12%	≤12%	≤12%
要求	无虫蛀，无霉变，不带泥沙及其他杂质	同特级	同特级	同特级
气味	固有的灵芝气味	同特级	同特级	同特级

包装容器采用瓦楞彩印纸箱包装，内衬聚乙烯薄膜。每箱净重20千克。运输时轻装轻卸，防止碰撞和挤压。

7. 转潮管理 段木灵芝栽培，一次覆土可以生长2～3潮灵芝，跨越2个生长季节。一批灵芝采收后到下一批灵芝开始生长间隙的管理叫转潮管理，包括夏秋季转潮管理和越冬管理。

（1）夏秋季转潮管理 夏秋季阳光强烈、气温高，也是热带风暴高发季节，水热条件变化大，同时也是灵芝病虫害的高发季节。灵芝剪柄采收后，要对芝棚和四周场地做一次清理，撒生石灰粉消毒；棚内畦床及四周的杂草需用人工拔除清理，整理走道和排水沟，对露出土面的段木重新覆盖泥土，注意调节畦棚中的温湿度；遮阳网破损的要及时修补，加固棚架，对畦中土壤补重水一次，保持土壤表面湿润，保持较高的空气相对湿度。几天内，在菌柄剪口上长出黄色生长点，伸长形成菌柄和菌盖。

（2）越冬管理 当年出一潮芝的管理：长一潮灵芝后，在9月中下旬至10月初，连柄采收灵芝。此时地温、气温下降明显，空气干燥，段木灵芝菌丝体进入休眠，进入越冬管理期，让灵芝段木处在一个保温、透气、较低湿度的越冬环境中。灵芝采收后，收掉塑料大棚，畦床上加厚覆土，无段木裸露，畦沟和四周排水沟重新疏通，防止畦沟积水。于翌年3月中旬，清除栽培场地杂草，重新搭建塑料大棚，开始出芝管理。第二年采收较第一年早，在8月中下旬即可采收完灵芝和灵芝孢子粉。采收后，保持大田湿度，可再采收一潮灵芝子实体。

（二）段木熟料林下栽培

1. 主栽品种 目前浙江林下栽培使用的主要是赤芝，使用较多的为野生驯化的品种。品种要求菌丝生长旺盛，抗逆性强，菌盖大而厚，芝大圆美，孢子粉产量高，适合熟料段木栽培。

2. 栽培季节 林下灵芝栽培是充分利用林下自然环境优势，通过管理措施和简易设施创造适合灵芝生长的温度、湿度、光照、空气等条件，节约种植成本，提高产品质量和生态溢价效益。适宜的栽培季节在 4 月中下旬即谷雨前后，可根据海拔高度调整栽培季节。

3. 栽培设施 灵芝在浙江海拔 300～1 800 米林下环境均能生长，栽培场地要求林下空间空旷、遮阳条件好、有水平带、环境整洁、植被良好、水源方便，土质疏松、排水良好、具有较好的保水透气性。林下坡向坐西北、朝东南的环境条件更利于灵芝生长。

利用树林的遮阳条件，在畦床上搭建高约 1 米小拱棚，上覆薄膜，若遇有林窗地块，可小拱棚上直接加盖或架空覆盖遮阳网，为灵芝子实体生长提供一个防雨、防晒、保湿、通气的环境条件。

4. 栽培技术

（1）原料准备、装袋和灭菌、接种、菌段培养、采收和干燥 同段木熟料大田栽培。

（2）栽培与管理

①栽培场地预备。栽培场地在种植前，根据地形和菌棒规格平整畦床，去除杂草等杂物，对地块和表土按照每平方米 0.06～0.75 千克撒生石灰进行驱虫和杀菌消毒。在畦床四周开好排水沟，防止连续阴雨天积水。配套水池和滴灌设施。

②菌棒覆土。晴天在畦上开挖浅沟，脱去菌棒外袋，根据地形和菌棒规格横卧排放在畦中，菌棒间距 5 厘米、行距 10 厘米，边排菌棒边覆土，在菌棒间隙填满泥土，覆土厚度 2 厘米左右，上边再覆盖杂草或枯枝落叶。

③出芝管理。林下灵芝的出芝管理与自然环境、灵芝品种密切相关，使用塑料膜和遮阳网进行升温、降温、增湿、增氧、调光以满足灵芝生长。灵芝出芝期要求温度 20～32℃，最适 25～28℃，通过塑料薄膜和遮阳网来保温、防御台风和冷空气的袭击；根据自然降雨和滴灌设施调整土壤适宜的含水量，从而稳定空气相对湿度在 90%左右；拱形膜两头保留适当空隙，从而保持空气新鲜。根据郁闭度调整使用遮阳网，光照度控制在 2 000～4 000 勒克斯最佳。芝柄生长期、芝盖扩展期、芝盖增厚期、孢子弹射期管理方法同大田栽培模式一致。

④孢子粉收集装置安装。孢子粉的收集通常采用纸质套筒和无纺布套袋两种收集装置。待灵芝子实体白色或黄色边缘消失，菌盖表面色泽一致，边缘有卷边圈，菌盖不再增大而转为增厚，有少量孢子粉弹射时，开始安装孢子粉收集装置。先在畦床铺层塑料薄膜，割口露出灵芝子实体，再用塑料胶带粘合，菌柄处采用油光纸铺垫。纸质套筒同大田种植模式。无纺布套袋直接套在子实体上后用绳扎紧即可，套袋尽量撑起勿接触到子实体。

⑤转潮管理。林下段木灵芝栽培，一次覆土可以生长 2 潮灵芝。

当年 9—10 月收获灵芝子实体和孢子粉后，此时地温、气温下降明显，段木灵芝菌丝体进入休眠越冬管理期，灵芝段木处于低温（0℃以上）、透气、较低湿度的越冬环境中。采收灵芝后，畦床上加厚覆土，无段木裸露，防止积水。于翌年 3 月中旬，人工清除栽培场地杂草，开始出芝管理。

五、病虫害防控

（一）病虫害种类

1. 主要病害种类　主要病菌有木霉、青霉、链孢霉等。也有因温度、光照等环境条件不适导致灵芝子实体生长为畸形的生理性病害。

2. 主要害虫种类　主要害虫有灵芝谷蛾、灵芝膜喙扁蝽、黑翅土白蚁等。白蚁发生在海拔 600 米以下的林下朽木上。

（二）病虫综防措施

坚持“预防为主、综合防治”的原则。优先采用农业防治、物理防治、生物防治，合理使用高效低毒低残留化学农药。

1. 农业防治　保持环境清洁，注意观察，及时发现杂菌、虫害迹象，采取相应农业防治措施把杂菌、虫害控制在初始阶段。针对有霉菌感染的菌棒集中排放于下风向和水源下游的边缘区块，霉菌发生较重的采用生石灰与土混合后覆盖表层。栽培场所选在无白蚁为害活动的地块。创造不利于白蚁生存的环境，经实践，在畦床上铺设滴灌设施，保持畦床土壤较高湿度，可以有效防止白蚁侵入。

段木灵芝栽培场所必须轮作，同一地块收获完灵芝后及时清理段木，针对白蚁为害严重的地块，可采用生物、物理防治方法处理，3～5年后可再次种植灵芝。

2. 物理防治 在种植灵芝前，清理表层土壤，在确保安全的情况下用火枪烧一遍以杀死蚁卵或幼虫，同时惊动驱赶蚁群。

出芝场地安装防虫网、纱门等隔离措施，防止外部杂菌、虫源的进入，并吊挂粘虫板、杀虫灯诱杀。

3. 生物防治 使用生物农药、天敌等防治杂菌及害虫。在灵芝生长期发现白蚁活动迹象时，可在灵芝棒四周放置松木，松木洒或浸糖水，上覆盖芒萁（松木、糖、芒萁均为白蚁喜食之物），再营造黑暗环境，吸引白蚁侵食后集中杀灭。

选择好灵芝种植区域后，在种植前1～2年，利用阿维菌素生物农药喷洒在有白蚁活动迹象的场所，达到群杀的目的。切忌在灵芝生长期使用化学药剂。

4. 常见病虫预防 见表6-2。

表6-2 灵芝常见杂菌和虫害及防治

常见杂菌和虫害	为害症状	防治措施
木霉	在灵芝菌丝生长阶段，培养基或段木被木霉污染后，表面显现深绿色或蓝绿色，抑制灵芝菌丝生长；在灵芝子实体生长阶段感染木霉，灵芝子实体生长停止，变绿发霉；若不及时处理，使灵芝培养失败，减产减收	①保持栽培环境的整洁卫生。②子实体生长阶段，对芝棚应做好遮光、保湿及通风工作，防止灵芝原基长出后受暴晒而被灼伤，防止芝田积水、覆土含水量过高，子实体成熟后及时采摘。③加强早期防治。如子实体感染绿色木霉，应及时摘除，以防蔓延

（续）

常见杂菌和虫害	为害症状	防治措施
链孢霉	在菌丝培养阶段侵染灵芝段木，菌段受链孢霉污染后，先在段木表面长出疏松的网状菌丝，生长迅速，后产生分生孢子堆，呈团状或球状，稍受震动，便散发到空气中到处传播	保持栽培环境的整洁卫生。在菌袋的生产培养过程中不损伤塑料袋；对已在袋子破口形成橘红色块状分生孢子团的，应用湿布或浸有柴油的纸包好后小心移出，深埋或烧毁，防止孢子的扩散，其他措施参照木霉防治
黄曲霉	黄曲霉感染芝木，初时略带黄色，随着菌丝蔓延，菌落变为黄绿色，产生大量的分生孢子，再形成二次污染，造成灵芝菌丝生长缓慢或无法生长	①保持栽培环境的整洁卫生。②培养料彻底灭菌，掌握好灭菌时间，确保培养料温度达到100℃时连续保温16小时以上。③控制温度，加强通风，为灵芝菌丝生长创造良好条件。其他措施参照木霉防治
黏菌	常在灵芝栽培的出芝阶段侵染，初期在灵芝覆土层表面出现黏糊的网状菌丝，菌丝会变形运动，发展迅速，1～2天蔓延成片。侵染灵芝的主要有网状黏菌和发网状黏菌，其菌丝分别为黄白色和灰黑色。在被黏菌侵染的覆土灵芝地块上，灵芝不仅停止生长，且芝体受害出现病斑、腐烂，严重影响灵芝的产量和质量	除覆土栽培前对畦床泥土进行有效消毒外，平时要注意加强芝棚的通风、排湿，降低地下水位，防止栽培场地长期处于阴湿状态，对发生黏菌为害的地块用生石灰粉等撒布覆盖，抑制黏菌扩散生长，并挖除发病部位泥土和菌段
灵芝膜喙扁蝽	在浙江1年发生2代，以成虫在土下的灵芝段木周围及底部越冬，也能在灵芝棚内紧贴土面的木片、竹片下越冬，成虫、若虫均刺吸灵芝菌丝和原基的汁液，造成灵芝的产量和质量明显下降	①合理轮作。②适时提前排放新段木。③诱集越冬成虫，集中消灭

（续）

常见杂菌和虫害	为害症状	防治措施
灵芝谷蛾	在灵芝原基形成至芝盖生长为害灵芝子实体，越冬幼虫一般在5月中下旬化蛹羽化。幼虫从子实体的幼嫩部位蛀食进入，使菌盖出现许多蛀食孔道，并排出成串的颗粒状粪便，气候潮湿时，排出物黏结引起灵芝子实体腐烂，成熟幼虫在蛀孔内做茧化蛹，羽化后蛹壳被成虫带出虫道口。浙江丽水1年发生2～3代，以幼虫做茧越冬	①大棚两端棚门需在开启处加一层防虫网，用物理方法防止成虫飞入产卵。②芝芽发生期及芝盖扩展期是虫害发生期，应密切关注，一见有虫粪排出点，用细铁丝钩出幼虫杀灭，或切除虫害芝块，用水泡法集中杀灭。③越冬期清理畦面杂物，发生虫害的灵芝体、芝脚要被彻底清理销毁
黑翅土白蚁	主要蛀食灵芝段木，在靠近地面的一端筑泥路挖洞，钻入段木皮层下蛀食做巢，以段木及菌丝体做食料，不仅损坏段木树皮还能蛀食木质内部。蛀出多个不规则的孔洞，孔洞四周附着泥土，被害的灵芝产量受到较大影响，菌段常被蛀食一空，减产减收	①选好场地，避开蚁源：土栖性白蚁多潜居在野外山岗腐殖质较多的林地或杂草丛中。因此，栽培场地应选向南或向东南、西南日照充足的缓坡地，场内及其周围的腐烂树桩和杂草均应清除干净。②挖深沟防蚁：建棚时应在棚的四周挖一条深50厘米、宽40厘米的环形坑，灌水淹死或驱出白蚁。③在场地外围挖长、宽、深各3厘米的小坑，埋入松木、狼衣草，再压入泥土，2周后检查，发现有白蚁，用灭白蚁专用的药物进行诱杀

第七章

江西省灵芝仿野生栽培

20 世纪 80 年代之前江西很少见栽培灵芝，灵芝产品主要来自野外采集。20 世纪 80 年代后，江西开始人工栽培灵芝，栽培模式主要为木屑代料栽培。20 世纪 90 年代末期，九江武宁县开始段木仿野生栽培。2000 年以后，灵芝段木仿野生栽培模式在赣州的安远县、瑞金县以及吉安的井冈山市和新干县等地发展较快。目前，江西的灵芝仿野生栽培规模大约 333.33 公顷，产值超过 2 亿元。

一、主栽品种

江西灵芝主栽有赤芝和紫芝，赤芝栽培品种主要有中华灵芝、G7 等，紫芝品种主要由野生驯化而来。紫芝产品特点主要是味道没有赤芝苦，呈微香，栽培特点主要是比赤芝菌丝生长慢。

二、栽培季节

灵芝仿野生栽培砍树时间一般安排在 11 月上旬，接种时间安排在 12 月初至翌年的 1 月，清明节前后芝木开始下田覆土，4—5 月进行出芝管理，6—8 月采芝，可收获 2 批子实体，9—10 月再收获 1 批，至翌年 6—8 月可再收获 1～2 批。

三、设备设施

（一）制棒设备设施

灵芝段木栽培制棒设备设施主要有截短段木用的盘锯、段木灭菌用到的常压蒸汽灭菌锅或高压蒸汽灭菌锅、接种灵芝菌种的接种箱或接种室、培养菌棒的发菌室或发菌棚等。栽培者可根据自身栽培规模等情况，配备相应的制棒生产设备和设施，以满足灵芝生产的需要。

（二）出芝设备设施

灵芝出芝阶段的设备设施主要有出芝大棚（或者荫棚）和喷水装置。出芝大棚可以是连栋大棚，也可以是简易搭建的荫棚（彩图7-1），荫棚视环境条件，棚高以人能方便进出作业为度，棚的两头开门，棚顶用遮阳网或茅草、芦苇做成的草帘覆盖，四周用草帘挡风。大棚和荫棚里搭覆膜的小拱棚，小拱棚建于畦床上，由竹片弯成拱形，再覆盖塑料薄膜（彩图7-2），起到保温、保湿的作用。喷水装置主要用于出芝管理阶段的增湿，出水口安装微喷头，达到雾喷效果。

四、栽培技术

（一）生产流程

灵芝仿野生栽培工艺流程：原木砍伐→原木截段→段木装袋→灭菌→冷却→接种→发菌→芝木覆土→芝木定殖→出芝管理→采收。

（二）栽培管理

1. 选择栽培树种　灵芝栽培树种应选择不含有挥发油和杀菌物质的阔叶树种，以栲树、栎树、楮树、榉树、枫树等硬木为宜，

树木直径在 6～22 厘米。

2. 原木砍伐与截段 在接种前 30 天左右开始砍树，尽可能选择土壤肥沃、向阳坡地上的树木。砍伐后的树木要及时去枝截断和运回，树木在砍伐和运输过程中，尽可能保持树皮完整，自然条件下，干燥 30 天左右至含水量 35%～40%后，将其截断为长 15～25 厘米的短段木，段木长短尽量一致，断面要求平整，疤瘤要削除，防止装袋时刺破塑料袋。

3. 制袋 根据段木直径的大小，选用不同规格扁径的低压聚乙烯或高压聚丙烯塑料袋，塑料袋长度一般为 40～50 厘米，宽度一般为 24～30 厘米，厚度为 0.05 毫米。塑料袋中间放段木，塑料袋四周及两端口用代料培养基填充，代料培养基配方：杂木屑 77%、麸皮 20%、过磷酸钙 1%、石膏粉 1%、白糖 1%，含水量 60%～65%。段木和代料培养基装好后，塑料袋两端用线绳或塑料绳扎紧制成料袋，然后将料袋卧放在平整、干净的地面上，避免地面上的杂物刺破塑料袋。

4. 灭菌 灭菌可采取常压蒸汽灭菌和高压蒸汽灭菌两种方法。将料袋移入灭菌锅中，料袋在灭菌锅内的摆放要平稳，而且料袋堆码在灭菌锅内要尽量留一定的间隙，保证蒸汽在料袋内畅通和灭菌无死角。如果采用常压蒸汽灭菌，灭菌锅料袋内温度上升到 100℃保持 25～30 小时；如果采用高压蒸汽灭菌，灭菌锅内料袋温度上升到 126℃保持 4～5 小时。灭菌结束后待料袋温度降至 70℃后，运送到消毒后的冷却室。装卸料袋时要轻拿轻放，防止塑料袋破损感染环境空气中的杂菌。

5. 接种 接种工作在接种室里进行，接种前应对接种室和接种工具消毒。接种室在使用前用每立方米 4 克的消毒剂消毒（如气雾消毒剂等），料袋送入接种室后再进行第二次消毒。接种人员进入接种室缓冲间，在缓冲间换上消毒过的工作服方可进入接种室。接种前用 75%的酒精溶液对接种人员的手、菌种瓶（袋）外壁和接种工具进行擦抹消毒。接种时，应去掉菌种瓶（袋）上面的老菌皮（块），解开料袋后，将菌种块接在代料培养基上，1 米^{3}段木约接20瓶栽培种，接种后将料袋扎口并进行有序堆放，全程严格按照无菌操作要求进行。

6. 发菌　将接种后的料袋运送到培养室，墙式堆码培养，培养室在使用前打扫干净，再用每立方米4克的气雾消毒剂进行消毒。发菌期培养室保持黑暗，温度控制在25～28℃，空气相对湿度控制在60%～70%，保持室内干燥，前期每天通风1次，每次20～30分钟，后期每天通风2～3次，每次30～40分钟，保持室内空气新鲜。在发菌期间（彩图7-3），10天之后检查一次芝木发菌情况，观察菌丝的生长情况，发现杂菌感染严重的芝木要及时脱袋，清除杂菌后重新灭菌、接种，局部感染杂菌的菌袋可以集中单独放置培养。培养室内可以每周用30%来苏儿溶液喷施一次，通过对环境消毒，预防杂菌污染。一般接种30～40天，菌丝就长满芝木的表层，稍微放松袋口的扎绳，使袋内氧气含量增加，促进菌丝向芝木的木质部深层生长。接种60～70天，芝木表层菌丝洁白粗壮，开始由白色转为淡黄色并出现局部豆状白色原基。

7. 芝木覆土与定殖　选择清洁卫生、地势高燥、场地开阔、排灌方便的地方作为灵芝的栽培场地，场地土壤应符合《土壤环境质量标准》（GB 15618）规定，水源应符合《生活饮用水卫生标准》（GB 5749）规定。

选择晴天对栽培场地进行翻耕和平整，并做成高20～25厘米、宽1.5～1.8米的畦床。在畦床四周开好排水沟，排水沟也可作为走道。除去杂草和杂物，周围要保持环境卫生。

清明节前后，日平均气温稳定在20℃以上时，选择晴天进行芝木覆土。在畦床上开深15～25厘米的畦，将成熟的芝木根据芝木长短和粗细进行分类，整齐地横排在畦内，芝木间隔2～3厘米，每行间距为6～8厘米。将有灵芝原基出现的断面朝上摆放，芝木摆放完毕后，在芝木之间填充细土，在芝木上面覆盖2～3厘米厚的细土。覆土后，在畦面上淋重水一次，搭盖好小拱棚。芝木埋土后，荫棚保持五阴五阳的光照度，小拱棚内温度保持在25～27℃，空气相对湿度控制在80%～90%，畦床上土壤保持湿润，白天掀

开小拱棚两头的薄膜，进行通风，晚上重新盖好薄膜保湿，促进芝木在畦床上定殖。

8. 催蕾、育芝 芝木覆土 15～20 天，畦床上开始出现白色瘤状原基，此时，拱棚内温度应保持在 26～30℃，每天通风 2～3 次，每次 30～40 分钟，拱棚内空气相对湿度提高到 90%～95%，畦床上土壤保持湿润，瘤状原基逐渐发育成芝蕾，芝蕾向上伸长形成芝柄。子实体形成初期，喷水量可大一些，中期保持干湿适中的状态，后期应控制湿度不能太大，以利于子实体形成、生长和成熟，并有利于预防病虫害的发生。光照控制的原则是前阴后阳，前期保持较低的光照度，有利于菌丝恢复和子实体的形成，后期应提高光照度，有利于菌盖的增厚和干物质的积累。芝盖分化前进行疏蕾，及时疏去弱柄畸形芝，一般直径 18 厘米以上的芝木上留 3 朵灵芝，15 厘米以下的芝木上留灵芝 1～2 朵为宜。芝盖分化后，适当拉开荫棚遮阴物，保持四阳六阴光照度，并保持大棚内光线均匀，使芝盖沿水平方向生长，当芝盖长至直径 2～3 厘米时可直接向芝盖喷水。

出芝期如遇拱棚 25℃以下干燥天气，可增加喷水次数，盖严薄膜并提高透光度；遇 30℃以上高湿天气时，拉起拱棚四周薄膜通风，并拉密荫棚遮阴物。芝蕾形成后 40 天左右，芝盖边缘黄、白色环圈完全消失，芝盖不再增大，灵芝生长成熟，继续培养 15 天左右，当芝盖不再增厚时，即可采收灵芝子实体，或者开始准备套袋收集灵芝孢子粉。

9. 采收及采后处理

（1）套袋收集灵芝孢子粉 灵芝生长成熟后，在近芝盖的基部有棕色孢子粉出现时为套袋的最佳时间。套袋前排去场地积水，同时用清洁的毛巾将灵芝周围擦干净，将准备好的套袋套至灵芝芝柄的底部。套袋后向畦床灌水，保持拱棚内空气相对湿度在 90%左右，每天通风 2～3 次，每次 30 分钟，保持拱棚内空气新鲜。套袋 20～25 天后，再没有孢子粉弹射时就可以采收，采集后的孢子粉及时摊开在垫有清洁光滑白纸或者牛皮纸的竹匾内，放在避风的阳光下暴晒2天，装入塑料袋密封保存。

（2）采收子实体 尽量选择在晴天采收。采收时，将灵芝从芝柄的基部剪下，留0.5～1.0厘米柄蒂，以使剪口愈合处再次形成原基，发育成第二潮灵芝。灵芝采收后，先在阳光下单个朝上排列晒干2～3天，再放入烘房中烘干，温度控制在60～70℃，使灵芝含水量在13%以下，用塑料袋包装密封贮存。

10. 灵芝采后处理 灵芝采收后，停止喷水10～15天，将拱棚内空气相对湿度提高到90%～95%，温度控制在26～30℃，7～10天后，在采收时剪芝柄的地方重新长出原基，采用上述催蕾和育芝管理方法，25～30天可采收第二批灵芝。采收第二批灵芝时，从灵芝的柄基和芝木相连的部位剪下子实体。采完灵芝后在畦床上覆一层厚度2厘米左右的细土。待第二年清明节过后，气温稳定在20℃以上时，继续进行催蕾和育芝管理，可再收获2批灵芝。

五、病虫害防控

（一）病害防控

灭菌时要求彻底，保证灭菌温度和灭菌时间；料袋搬运过程中防止料袋破损导致杂菌的生长、蔓延；接种环节要操作规范，严格按照无菌操作要求；出芝期如有灵芝个体感染杂菌要及时摘除丢弃，以防杂菌的扩散蔓延。使用农药防治时要严格按照《农药合理使用准则》（GB 8321）规定选用农药和合理的使用方法。在灵芝生长期间，禁止喷施农药。

（二）虫害防控

灵芝生产中的害虫主要有白蚁和蛞蝓，防治白蚁主要采取诱导杀灭的方法，防治蛞蝓可用5%的食盐水进行喷杀或人工捕捉。

第八章

吉林省灵芝段木栽培

从20世纪90年代开始，吉林省就大规模人工栽培灵芝，凭借长白山区特有的阔叶硬杂木原材料、优质的水资源、独特的冷凉气候、显著的昼夜温差等优势，栽培出的灵芝中灵芝多糖、灵芝三萜及灵芝腺苷等含量均很高，产品远销国内外。吉林省灵芝目前主要栽培模式为段木熟料大棚栽培，栽培规模约850万段，产量2 000多吨，产值约2.15亿元。主要栽培地区为蛟河市、磐石市、敦化市、长白县和龙市等。2018年，农业农村部正式批准对“吉林长白山灵芝”实施农产品地理标志登记保护。在2022年中国灵芝区域品牌价值评价中，依据品牌价值评价有关国家标准，经专家评审、专业机构测算、品牌评价发布工作委员会审定，地理标志区域品牌“吉林长白山灵芝”的品牌价值为36.43亿元，荣获第一名。

一、主栽品种

（一）赤芝菌株

菌盖肾形、半圆形或近圆形，菌盖表面平整，初黄色，渐变成红褐色，有漆样光泽，中间厚，边缘薄，菌盖背面菌肉白色至浅棕色，由无数菌管构成。菌丝生长最适温度25～30℃，子实体生长最适温度26～32℃。菌盖厚度1.5～2.2厘米，直径20～28厘米，菌柄红褐色，长9～15厘米。属高温品种，适合段木栽培。

（二）HZ 菌株

菌盖呈扇形或半圆形，上面有环状棱纹与辐射状皱纹，红褐色，菌盖背面为黄色，菌柄短，分枝多，担孢子褐色。菌丝生长最适温度25～28℃，子实体生长发育最适温度26～30℃。菌盖厚度1.6～2.3厘米，直径20～26厘米，菌柄红褐色，长7～12厘米。属高温品种，灵芝孢子粉产粉率高，适合段木栽培。

二、栽培季节

灵芝属高温出菇真菌，在生长发育过程中，对温度的适应范围较广，过大的温差刺激不利于灵芝子实体分化发育，容易产生厚薄不均的分化圈，菌盖呈畸形。吉林省灵芝栽培二级菌制作在11月上旬，三级菌制作在12月中旬，灵芝菌段制作在翌年1月下旬，菌段下地在5月上旬，7月下旬采收孢子粉，9月下旬采收灵芝。

三、设备设施

（一）设备器具

1. 劈木机　用于劈木段，视生产量大小准备。

2. 灭菌锅　用于蒸汽灭菌，锅的容积和数量视生产量而定。

3. 接种设备　接种箱、超净工作台。

4. 装袋机　用于制作二、三级菌种时装袋。

5. 周转筐　用于转运料袋或菌段，规格42厘米×53厘米，数量应根据锅的容积大小而定。

6. 配套设施　喷灌用的水泵、水管喷头、阀门等。

（二）捆段室

用于捆木段和做菌种时拌料、装袋。要求有一定的室温，最好和常压灭菌锅在一个屋内，以利于取暖；蒸汽锅炉在另一屋内，避免烟和蒸汽进入捆段室，不利于操作。

（三）冷却室

用于灭菌后的菌袋、菌段冷却。要求环境整洁、干燥、通风良好。

（四）接种室

用于菌种、菌段接种，接种室面积根据生产量大小而定。要求环境整洁、干燥、通风良好。

（五）养菌室

养菌室一般高度3米左右，面积为40～50米^2，要求有取暖设施，保温、遮光、便于通风，根据室内面积设计好作业道。养菌室一般用镀锌方管做立柱，距地面40厘米左右搭一层架子，形成上下两层布局，层架上可铺3厘米厚的木板，也可用镀锌管，架面铺设时要留有一定的空隙，以利于通风散热。搭架子的原料如选用木板，一定要干透，避免培养时滋生杂菌。

（六）出芝棚

1. 场地选择 灵芝栽培场地最好选择避风向阳、地势干燥、排水通畅、有水源的场地。要尽量选择土质肥沃、富含腐殖质的疏松土壤。

2. 搭建拱棚 根据吉林省的温湿度、光照等自然条件，搭建拱棚。拱棚用镀锌管、塑料布、遮阳网、固定绳、草帘等材料搭建。棚高2.1～2.3米，棚长25～30米，棚宽7～8米，拱棚骨架搭好后，最好选在早晚风小时在顺风口方向上棚膜，并用土压好棚膜（彩图8-1）。由于灵芝子实体生长需要一定光照，但要避免强光，所以在做好菌床后要进行遮阳处理。可根据棚内光照调节遮阳网厚度，遮阳网类型选用“8针遮阳网”，如遇高温天气，拱棚上面要加盖草帘。

3. 菌床制作 栽培菌床规格为：宽3.3～3.5米，深约25厘米，过道宽40厘米，中间低四周高（彩图8-2）。将脱袋的灵芝菌段接种面朝上并排放入菌床，间距10～15厘米，然后在菌段周围填土做成四周略高于床面的菌床，其主要目的是为了浇水时防止水土流失，进而导致菌段露出地表，不利于灵芝生长。

四、栽培技术

（一）原料准备、处理

1. 木段选择 选择立冬后采伐的亮皮、无干皮、无黑心小柞木的木杆栽培灵芝为宜（彩图8-3），特别是蚕场改造时采伐的蚕木杆和山林抚育采伐下的小柞树等最好。

2. 截木段 对采伐下的木段粗细无要求，但应剔除枝丫，运回的木段应边生产边截段，避免水分丢失；如截段后长时间不用，应用消毒好的毡布或者塑料布盖好，避免风干失水。

吉林省栽培灵芝一般菌段高度在12厘米左右。截木段时应在事先准备好的圆盘锯上做一固定12厘米的标尺，验好标记后就可以截木段，截的过程中要保持木杆和锯片成45°角，直径大于5厘米的木杆要劈开。

3. 捆木段 事先用铁片焊成一个铁圈，铁圈高5～6厘米。把截好的木段毛刺砍净放入铁圈内摆好，为了避免扎袋，把木段有棱和带疤结的面放在里侧，带皮光滑的面放在外侧。铁圈内放满木段后捆绳捆紧，取下铁圈再固紧另一头。一个木段在上下两头各扎紧一道绳，两道绳都捆好后取下铁圈。向段中间缝隙塞细木片，直到扎紧为止（彩图8-4）。

（二）装袋灭菌

1. 装袋 木段捆够一锅的数量后开始装袋。装袋前可准备一根高度20厘米左右的木墩立在地上，把捆好的木段放到木墩上，袋口朝下套袋，套好后翻过来放到地上即可。直径20厘米的木段

使用规格35厘米×45厘米的塑料袋进行装袋；直径30厘米的木段使用规格50厘米×55厘米的塑料袋进行装袋。在装袋时要观察木段含水量，如木段不是边截边装袋的，时间长风干严重，可以往袋内加入半勺清水（家用盛饭勺大小），装好袋后把袋口扎紧。

2. 装锅　将装好的料袋呈"品"字形，一层接一层直立或者平放到锅内横帘上。为防袋与锅壁接触摩擦损坏料袋，在袋与锅壁接触面上放一层布帘。装锅过程中注意袋有无破损，发现破袋后立即更换新袋。

3. 灭菌　料袋灭菌所需时间较长，需要大量蒸汽，所以装锅前一定先检查锅内是否缺水，保证足够水量。烧锅时，先不关闭放气阀门，利用蒸汽自然排出冷空气，时刻检查冷空气是否排净，冷气排净后即可关闭排气阀。当温度计显示100℃开始计时，保持在100～105℃，计时10～12个小时，达到彻底灭菌。

4. 出锅　灭菌时间达到后，自然冷却降温，当温度计显示45℃时打开锅门散热，操作者可以承受锅内热度时进行出锅操作。出锅时应检查料袋有无破损，如有破损袋，可拿出重新装袋。

（三）冷却接种

出锅后的菌段要送往冷却室进行冷却，料袋温度降至28～30℃时抢温接种。

接种前对接种室提前消毒，保证接种环境整洁。首先要把三级菌种揉开，在揉的过程中用力要均匀，不要揉破菌袋，也不要把菌种揉得过碎，揉开后放入接种室或者接种箱。室（箱）内可放入75%酒精棉和菌钩、壁纸刀。接种前戴好一次性接种手套，进入室内，用75%酒精棉对刀和手进行再次消毒，去掉菌种老化层，打开木段口，根据木段大小放入适量菌种，木段上部和周围都有菌种接入，最好使菌种遍布木段四周，然后用原有的绳把袋口扎紧。

（四）菌段培养

培养室使用之前就要对其进行消毒。如果是上年利用过的培养室，以前出现过杂菌，应先对培养室墙壁进行石灰粉刷，把培养室架子上的木板等用白灰水粉刷后拿到室外进行暴晒，使其完全干燥，然后对培养室用几种药交叉消毒，保证培养室整洁。

接好菌的菌段即可上架培养。在上架前应在架子上面铺上报纸或一层园艺地布，避免异物扎破菌袋。摆菌段时可以一个菌段挨一个菌段，上一层压下一层，呈“品”字形往高处摆放。摆放时先摆放下层架子，下层摆满后再摆上层。培养室室内温度前 10 天应保持在 28～30℃。培养室的冷墙可放一层保温板保温，温度低不利于菌丝生长。

养菌室装满后以 23～25℃暗光培养为宜。灵芝段堆内应放置一个温度计，室内中间位置放置一个温度计，经常观察温度变化，发现内外温差变化较大应立即进行处理。菌丝生长初期可白天通风，菌丝即将长满时可在晚间通风，避免光照。经过 30～40 天的培养，菌丝就可以长满菌段（彩图 8－5）。菌丝长满菌段后可在培养室继续培养 10 天左右，这时可昼夜通风，避免高温缺氧。白天可开门开窗进行光照刺激，利于原基形成。

（五）搭棚膜、做床、埋段覆土

1. 搭棚膜

（1）加固棚膜 搭棚膜前应首先量好大棚尺寸，充分利用棚膜，避免浪费材料。拱棚骨架搭好后，选在早晚风小时顺风上棚膜，并用土压好周边；上好遮阳网，用拱棚绳固定。

（2）做棚头 为了预防长出灵芝后通风时有强风吹入棚内，造成棚头失水干燥，影响灵芝生长，要把灵芝拱棚的两头用塑料棚膜挡上，高度在地面往上 50～60 厘米；棚膜要全部挡严，同时覆上遮阳网，确保更好遮阳。

2. 做床 每栋拱棚最好做两条菌床，棚中间留 40 厘米左右宽

的作业道。床面清理干净，尽量平整。床面做好后应把养好菌的菌段运入床上、床边备用。在棚的周围挖排水沟，所有拱棚不能积水。

3. 埋段覆土　把养好菌的菌段剥掉塑料袋立放在准备好的床面上。菌段扎口的方向朝上，直径 20 厘米的菌段，段与段间距 10 厘米左右为宜；直径 30 厘米的菌段，段与段之间 15 厘米左右为宜。摆放木段应尽量横平竖直、高矮一致（彩图 8－6）。如有木段高出，可把木段下面的土挖深一些。木段要边摆放边覆土，覆土厚度没过菌段 1.5 厘米左右。摆放过程中可把局部感染杂菌的木段取出，单独摆放在棚头或者棚边。为了操作方便，可选择在没有覆盖棚膜时摆放灵芝菌段，然后覆土。

（六）安装喷水设施

灵芝菌段摆放结束后即可安装喷水设施。棚内应铺放直径 4.95 厘米的输水主管道，铺放在菌床上即可。安装喷头数量布局合理，要确保棚内喷水没有死角，处处都能喷到水。

（七）出芝管理

1. 浇水　灵芝菌段进棚埋好后可先不浇水，一般 5～7 天后方可少量浇水，浇水至床面微湿即可，不可浇大水。浇水后棚头要打开进行通风，如发现床面有杂菌，可用石灰撒在染菌部位，进行杂菌控制。常观察床面，灵芝菌段露出时应及时用土覆盖。一段时间后发现床面有裂缝说明原基已经形成，即将出土。长出土面的幼芝就会伸长生长（彩图 8－7）。当灵芝原基长出后应经常浇水，保证灵芝在棚内生长时的棚内湿度为 85%～90%，每次浇水时间要短，避免形成床面积水。特别在高温天气要保持棚内湿度，子实体上要保持隐约有水珠。在灵芝孢子粉弹射收粉期间应减少浇水次数，可在白天换贮粉袋时进行浇水，浇水时用塑料布把风机严密包好，以免风机进水，也可向床面放水，放水时间一般 30 分钟左右。

2. 通风　灵芝菌段刚入棚，这时应加强通风，防止杂菌产生。

灵芝开伞期也要加强通风，防止出现畸形芝，但在开伞后期可白天通风，夜间适当保温，使灵芝快速生长。在灵芝孢子粉弹射期，为了增加产粉量，可长时间关棚保温，少通风，特别是晚上气温低时更要关好棚头，保持温度。

3. 疏芝 在灵芝原基形成出土后，每个灵芝菌段都会长出多个原基，当原基刚刚形成菌柄时（彩图 8－7）就要进行疏芝，一般是尽量保留长在菌段中间且粗壮的一个菌柄，其余的全部拿掉。疏芝后有时也会出现多头生长，这时应尽早处理，确保保留的灵芝长得大、形状好（彩图 8－8）。在灵芝开伞时要注意段与段生长的间距，如果灵芝生长相邻太近要转段，以免两株灵芝相邻太近、菌盖长到一起，影响产品质量。

4. 除草 灵芝在生长过程中一定保持床面干净。若棚内温度高、湿度大，则杂草生长快。要经常检查，发现杂草及时除掉，除掉的草要及时拿到棚外，避免再生。为了保证灵芝的品质安全，不要使用任何除草剂和农药。

（八）采收

1. 收集灵芝孢子粉 当灵芝菌盖边缘的生长点逐渐变成褐色、棚内略有雾状粉飘移，说明开始有灵芝孢子粉弹射了，这时就应该及时收集孢子粉。方法是：在距棚头 5 米左右处悬空挂一个 2 500～3 000 转/分的排风机，根据风筒直径做一个 10～15 米长的布袋，固定在风筒的一端。整个口袋悬空挂起，悬挂时尾端比风机略低一些。一个棚设两台吸粉机，两台风机方向相反，让风机把棚内的空气充分吸入布袋，通过布袋收集孢子粉。孢子弹射旺盛时应有专人昼夜看护，每隔 3～4 小时用棍敲打布袋一次，让吸进袋的粉聚集在袋尾。根据放粉量的多少决定是否摘下布袋倒粉（彩图 8－9），发现粉少可不收，视情况而定。新采收的孢子粉含水量较高，应及时晒干或者烘干，避免发霉变质。晒干或烘干后的孢子粉装入塑料密封袋，密封好后即可贮存。

2. 采收灵芝子实体 灵芝菌盖边缘逐渐变成褐色，菌盖底面

颜色由全黄色逐渐变为黄色、淡黄色、灰白色，这时就可以采收灵芝子实体了。采收灵芝一般连柄掰下即可，剪掉沙根。灵芝菌盖腹面朝上摆好，轻放到烘干箱内烘干。在采收灵芝时，从剪下到装盘、运盘、烘干及装箱都要十分注意，尽量不要碰到菌盖的底面。

（九）烘干及装箱

灵芝烘干时根据生产量选择适合的烘干箱，在烘干的过程中要有专人看护，随时检查温度、色泽的变化，烘干时温度要由低温向高温逐渐转变，避免急速加热，把菌盖烘裂。烘干时不能随意打开烘干箱，要从烘干箱观察口查看烘干程度，避免急速降温或者中途停止烘干，影响灵芝色泽。

灵芝烘干后按灵芝菌盖大小、形状、厚薄等分类装箱，装箱时最好将菌盖侧放或菌盖向上、菌柄向下放置，避免重叠。也可一层灵芝放一层隔离纸，避免擦划影响质量。装在塑料密封袋内的灵芝在贮藏时还要注意防光照，避免色泽消退。

（十）贮存及运输

装好箱（袋）的灵芝应放在干燥、通风避光的库房，存放时应垫离地面摆放。运输时要轻拿轻放，避免挤压、擦碰，做好防雨防潮。

五、病虫害防控

（一）主要病害

1. 绿霉 广泛存在于自然界的各种有机质上和土壤中，空气中也到处飘浮其分生孢子，可借气流到处传播，拌料、接种、发菌、出芝管理等环节都能使其侵入、传播和蔓延。绿霉属于喜湿杂菌，多数绿霉喜欢在酸性环境中生长，其发生的最适温度为25℃左右。

2. 青霉 种类多且分布广泛，为腐生或弱寄生，在很多有机物上均能生长，借气流、昆虫及人工喷水等操作传播，可在灵芝生长的各个阶段感染灵芝，凡有青霉生长的地方，灵芝的菌丝体生长均受抑制或不能生长。青霉生长适宜温度 20～30℃，只要通风不良、空气相对湿度在 90%以上，分生孢子在 1～2 天就能萌发出白色菌丝，并很快产生新的分生孢子。

3. 链孢霉 广泛分布在自然界的土壤、空气及腐烂物上，借气流及人为操作、昆虫、老鼠等传播，链孢霉可在灵芝的各个生长阶段感染灵芝，其发生主要与以下因素有关：

(1) 高温高湿 培养室温度过高、湿度过大，造成有利于链孢霉生长的环境条件，使其迅速生长。

(2) 灭菌不彻底 灭菌时没有排净冷空气、灭菌温度不够、灭菌时间不足、菌段排放太紧密、蒸汽不畅，都会影响灭菌效果而引起污染。

(3) 接种污染 接种环境不清洁、接种用具不清洁、无菌操作不严格等，均能造成灵芝被链孢霉污染。

(4) 培养环境污染 培养室环境不卫生，培养环境潮湿，进出人员繁杂，均能给链孢霉污染的机会。

(5) 料袋破损 菌段生产时未做到小心轻放而使料袋产生破口，链孢霉孢子乘虚而入。

（二）主要虫害

1. 黑腹果蝇 生活史短，繁殖率高，10～30℃条件下成虫都能正常产卵和繁殖，30℃以上成虫不育或死亡。10℃条件下由卵到幼虫需经过 57 天，15℃需要 18 天，20℃需要 6.3 天，25℃只需要 4～5 天。主要以幼虫蛀食灵芝菌丝、子实体等，造成子实体萎缩，并导致杂菌污染。幼虫乳白色，长约 0.5 毫米，背面前端有一对触角。

2. 蚤蝇 个体小，活泼，繁殖力强，主要是幼虫为害，幼虫既蛀食幼嫩子实体也取食菌丝。蚤蝇幼虫蛆形，无足，无明显头部，体有 11 节痕，乳白色至蜡黄色，前端窄后端宽，体壁多有小突起。成虫体长 1.1 毫米，雌成虫个头一般比雄成虫稍大，体黑色或黑褐色。

蚤蝇成虫非常活泼，对光及菌体香味具有较强的趋性，成虫多在傍晚 5—6 时择偶交尾，交尾后 6～18 小时开始产卵，每头产卵 100～300 粒。

3. 螨虫 整个生活史只有卵和成螨两个时期，无幼螨和若螨期。雌成螨是唯一的为害阶段，孵化后从母体钻出及爬行寻找菌丝或者子实体取食，24～48 小时后大多数雌螨已经固定在一处取食，后半体逐渐膨大形成膨腹体，最后产下子代。该螨在 15～35℃条件下都能繁殖，25～30℃最为适宜。在适温下卵期为 4～8 天，雌螨一代历期 7～15 天。

（三）防治措施

1. 选用优良菌种和培养料 灵芝菌种要选用抗杂力强、生长旺盛、无杂菌、适龄未老化的菌种。生产二级菌、三级菌最好用木屑培养基，原材料一定选用无霉烂、无变质的麸皮、木屑。

2. 严控生产环节 严格把控生产过程中的各个环节，灭菌要彻底，不要有死角，接种室或接种箱用之前要彻底消毒，接种工具要用 75%酒精消毒，并用酒精灯灼烧，冷却后接种。

3. 搞好环境卫生 培养室在生产前要彻底清扫和消毒，并将清扫物远离菌房集中处理，保持培养室干燥，同时对培养室可用福尔马林、高锰酸钾熏蒸消毒。出芝床面在使用前要撒石灰，造成不利霉菌生长的碱性环境。

4. 化学与物理防治 黑腹果蝇、蚤蝇成虫喜欢在烂果或者发酵物上产卵，在培养室和出芝大棚不能乱扔果核及其他脏物。如发现有虫害出现，可取烂果放入盘中，倒入 80%敌敌畏 1∶1 000 药液来杀死黑腹果蝇；也可以用防虫网、粘虫黄板和杀虫灯配合防治。

第九章

福建省灵芝栽培

福建灵芝栽培历史悠久，李开本等 1989—1991 年引进日本京大信州 2 个灵芝菌株，在浦城、武夷山两县示范栽培 1 450 米^3（栽培所用木材数量）。1993—1995 年在松溪、南平、将乐、武夷山、莆田等地区栽培示范 10 100 米^3，筛选出赤芝 6 号新菌株。1998—2000 年，陈体强等考察福建野生灵芝种类，证明树舌灵芝、灵芝、紫芝、皱盖假芝 4 种分布最广。“中国食用菌商务网”报道，2012 年福建省灵芝产量达到 2 700 吨，产值突破 4 440 万元。

据调查，2022 年福建灵芝主要栽培区域、品种及规模为：紫芝栽培主要区域在龙岩市武平县（4 000 多万袋），赤芝栽培主要在南平市浦城县（约 300 万袋）、三明市明溪县（约 100 公顷，22 万袋）、武夷山市（约 2 000 万袋、主要在吴屯乡）。福建灵芝栽培按照使用原料划分，有段木栽培和代料栽培两种类型。

一、主栽品种

（一）沪芝 1 号

沪芝 1 号（彩图 9 - 1）即沪农灵芝 1 号，又名沪农 1 号、赤芝 119。目前主要栽培地是南平市浦城县，棚栽规模达到 60 多万袋，段木地栽达到 53.3 公顷（200 多万袋段木）。该品种由上海市农业科学院选育而成［品种认定证书编号：沪农品认食用菌（2009）第 003 号］，菌丝阶段适宜培养温度 22～27℃，子实体发育适宜温度 18～20℃。具有孢子粉高产、抗病性强、染菌率低、整齐度高、芝形圆整且大的特点。沪芝 1 号产出 500 克鲜芝的同时，可产出约 500 克的孢子粉。

（二）仙芝楼 S3

仙芝楼 S3（彩图 9－2）为中国医学科学院药用植物研究所、仙芝科技（福建）股份有限公司合作选育的灵芝新品种。出芝温度 25～32℃。目前在浦城县栽培 0.67 公顷（约 3 万袋段木）、室内栽培 5 万多袋。属于赤芝品种，抗杂菌能力较强，子实体产量较高，灵芝多糖和总三萜含量高，适宜南平市短段木熟料栽培。仙芝楼 S3 是以韩芝 3 号为出发菌株，通过神舟 1 号、神舟 3 号、神舟7 号宇宙飞船多次搭载，进行空间诱变选育而成。仙芝楼 S3 在 PDA 培养基上菌落白色，后期产生黄色色素；子实体单生，菌盖近肾形，具明显的同心环棱，浅红褐色，具有光泽，腹面黄色；厚 1.3～2.1 厘米，直径 25～42 厘米，边缘圆钝。菌柄红褐色，光滑且亮，扁圆柱状，偶见念珠状，长 6.5～12 厘米。经检测仙芝楼 S3 子实体的灵芝多糖含量为 2.10%，灵芝总三萜含量为 0.796%。具备一定的抗杂菌能力和抗高温能力。仙芝楼 S3 平均出芝率为 88.4%、平均干品产量为每段 275.6 克（菌材重量每段 10 千克）。经测产仙芝楼 S3 的平均鲜重每立方米 35.58 千克（仙芝楼 S3 品种认定证书编号：闽认菌 2022008）。

（三）武芝 2 号

武芝 2 号（彩图 9－3），原名 S2，出芝温度 25～30℃。选育单位为武平县食用菌技术推广服务站、福建仙芝楼生物科技有限公司、武平盛达农业发展有限公司、福建省农业科学院食用菌研究所（品种认定证书编号：闽认菌 2012002）。主要栽培区域为福建省龙岩市、南平市浦城县、三明市泰宁县。2021 年龙岩市栽培规模达到 1 077.2 公顷（4 000 多万袋段木）。平均每立方米段木产灵芝（干品）25.05 千克。以武平县、上杭县为中心向外辐射。武芝2 号菌丝长势强、发菌浓密，抗病性强、染菌率低。全生育期 130 天左右。原基分化所需温度较低，适宜在中、高海拔地区推广。特征特性：子实体多单生；菌盖近圆形，直径 8～30 厘米，中心厚度 1.25～2.35 厘米，中央略下凹，紫褐色至紫黑色，表面具同心环纹和放射状皱褶，有似漆样光泽；菌肉棕褐色，质地坚硬；菌柄多数中生，长度为 5～15.9 厘米。经福建省分析测试中心检测，每 100 克灵芝（干样）含粗蛋白 13.3 克、灵芝多糖 0.24 克（以葡萄糖计）、粗脂肪 1.5 克。

二、栽培季节

灵芝属于中高温型菌类。段木接种时间根据不同地区的温度特点而有所不同，应因地制宜合理安排栽培季节。代料栽培通过设施控温培养，发菌季节有所拓展，室内发菌可实现周年培养。代料灵芝出芝环节，主要分为室内控温出芝、大棚保温出芝、林下季节出芝。

福建地区段木灵芝制包时段应提前安排在 10 月下旬，根据生产规模可一直持续至次年 3 月，发菌期较长。4—5 月安排上山林下挖沟覆土，最快 5 月即可现蕾，7 月采收第一潮。林下栽培注意保持一定湿度与病虫害综合防控，栽培区域建议围栏封控管理，管理得当，当年可采收 3 批子实体。代料栽培灵芝，在有设施控温条件的地区，可实现周年生产，根据市场行情，提前 3 个月安排制包生产、确定栽培规模。

三、设备设施

栽培设施主要为发菌阶段设施与出芝阶段设施。

（一）发菌房或发菌棚

发菌房：有条件的基地采用设施温控发菌房。菌包接种后，搬入层架式发菌房，控制温度稳定在 25～26℃避光培养，其间每天

通风换气 1 小时左右，同时检查菌包发菌情况，发现感染杂菌的菌包，及时搬出发菌房。

发菌棚：根据实际情况，也可搭建发菌大棚进行菌包培养。夏季发菌，遇上高温季节，在棚顶四周安装喷淋系统、喷水降温。冬季发菌，遇上低温天气，大棚四周放下塑料薄膜保温发菌，尽量控制温度达到 20～25℃。遇上极端低温天气，可增加油汀取暖器、高功率浴霸型照明灯等协助升温。

（二）山地搭棚出芝

出芝阶段安排在闲置、荒废山地搭棚出芝，因地制宜规划面积、区域，结合场地实际大小，设计搭棚长度、宽度。一般宽度 4.5～5 米，长度根据地块大小灵活确定。采用弧形镀锌管做支撑骨架，中间顶部采用管箍箍住长直的镀锌管。棚高，中间最高处设计 2.3～2.5 米，两侧边高 1.5 米，整体呈现拱棚造型。拱棚搭好骨架后先盖上薄膜，再覆盖遮阳网，遮阴度 30%～40% 即可（彩图 9-4）。秋冬季入棚前，可增加一层草帘，起到保温作用。夏季气温较高，为避免阳光直射，塑料拱棚的向光面应挂草帘或较密的遮阳网，棚内整体遮阴程度以三分阳七分阴为宜。拱棚前后端悬挂遮帘，起到通风换气作用，同时避免穿堂风贯穿大棚，导致棚内湿度不够。棚内土壤保持湿润，中间留出 0.5～0.6 米宽的走道，两侧起垄高度 20 厘米。埋入发菌、后熟好的段木灵芝，段木菌包提前脱袋。

（三）林下栽培出芝

福建地区灵芝栽培区域分布较广，采用林下栽培模式的主要为：龙岩市武平县万安镇，平均海拔 310 米；南平市浦城县仙阳镇，平均海拔 313 米；三明市明溪县，平均海拔 200～300 米。在这些地区的山林下栽培灵芝，平均海拔又上升了一些，因此林下栽培灵芝，建议海拔在 400～600 米，海拔过低则温度过高，不利于灵芝生长，尤其是夏季（36℃以下）；海拔过高则温度过低，同样不利于灵芝生长，尤其是冬季。

林下栽培灵芝，应选择靠近水源的山林，选择坡度较平缓的地块，方便做畦埋包。选定栽培林地后，先去除杂草、石块和瓦砾等杂物，开沟准备。沟深 20 厘米，宽度、长度因地制宜（彩图 9-5），留出走道，方便后期采收。沟底铺撒一些石灰、灭蚁粉等，提前防控虫害。

灵芝菌丝“走透”（指菌丝蔓延布满基质）后，可脱袋埋地覆土，也可半脱袋埋地覆土。沟底有撒灭蚁剂、石灰的，建议半脱袋后再埋地，避免菌棒直接接触药剂。之后利用林中竹条搭建小拱棚，盖上塑料薄膜催蕾出芝。山林中昼夜温差大，薄膜拱棚利于保温。遇上大风天，湿度降低较快，薄膜拱棚利于保湿。遇上夏季中午高温时段（30℃以上），可掀起薄膜一侧通风降温，傍晚后再盖上。薄膜亦可减少害虫啃食灵芝，阻断成虫飞行通路。如考虑在固定地块长期栽培林下灵芝，或栽培地块较大、较为平坦，可安排搭建中、大型塑料大棚。如林下栽培地块为坡地，建议整成梯田后搭建长拱棚栽培，以方便日常管理。如林木种植程度稀疏，遮阴度不够时，可考虑在塑料薄膜上加盖一层遮阳网。夏季干旱季节，应在棚里加装旋转式喷淋系统协助增加环境湿度，微喷喷头对水质要求比较高，水中只要有杂质，就会影响微喷喷头出水，因此维护成本较高。蓄水池建设地点应在芝棚之上、海拔更高的位置，利于后续喷灌。山林中如有泉水，尽量引流至蓄水池。蓄水池建设面积因地制宜，一般在 10 米^{2}左右，挖掘深度 1～1.5 米，底部和内壁清理干净，去除棱角锋利的小石块，铺上较厚实的塑料膜便于蓄水，露出地面部分用土堆压实。蓄水池周围再挖一圈小沟，便于雨天排水。

冬季温度降到 20℃以下不利于灵芝生长与菌丝恢复，注意大棚保温，可加盖土工布、遮阳网、草帘等材料。减少通风换气时间，保持一定浓度的二氧化碳，利于维持温度。

（四）室内层架出芝

还有一部分灵芝栽培，其出芝模式采用室内层架摆放出芝。层

架又分多层铁架、网格架等。多层铁架模式，灵芝菌包排放时可直立式排放或卧倒式排放；网格架排包只能卧倒式排放。通过安装空调、制冷机组、加湿器、喷雾系统等设施、设备（彩图 9－6），调控出芝房温、湿度，满足灵芝生长发育需要。室内灵芝出芝一般安排在 5—10 月，其间室外温度多在 25～35℃，外界温度超过 30℃时，室内只需适当打冷降温，维持 27～30℃即可满足灵芝发育要求。11 月至翌年 4 月，这半年温度较低，如在室内栽培出芝，需要增加加温设备，同时兼顾使用加湿系统，保持一定环境湿度。

四、栽培技术

（一）原料准备

1. 树种选择　一般使用阔叶树粉碎后的杂木屑栽培灵芝，松、杉等针叶树种，以及樟树、桉树等含有芳香味的树种不适宜栽培灵芝。各地区根据林木资源保护政策、采购便利性等原则，就近采购适宜木屑栽培灵芝。业界普遍认为，适合栽培香菇的树种，同样适合栽培灵芝。以壳斗科树种为主，比如栎树、栲树、榉树等。一些地区也常用板栗树、桃树、李树等修剪后的枝丫粉碎后栽培灵芝。为获得高产，可适当添加麦麸、玉米粉、豆粕等氮源辅料至总量的 15％～20％进行配料栽培。

2. 段木或木屑采购　在总体封山育林的大背景下，栽培食用菌的企业，为了栽培段木灵芝，可以向具备伐木资质的木材加工企业进行预订。秋冬季是木材加工企业获批伐木的季节，一般在秋季（9—10 月）与木材加工企业洽谈、预订合适的段木。段木直径加工范围：直径 6～20 厘米，长度 25～30 厘米。侧枝处尽量削平，段木周身无明显尖锐侧枝，避免刺破塑料袋。段木加工后露天暴晒 3 周以上，含水量降至 30％～40％为宜。

代料栽培灵芝则使用杂木屑，要求阔叶树种粉碎后的杂木屑，颗粒直径在 1 厘米以内为宜，过粗则易刺破菌袋。杂木屑粉碎后露天暴晒 2 周以上，含水量降至 30％～40％再装袋为宜。

（二）装袋与灭菌

1. 装袋 段木灵芝栽培时，一般采用厚度为5丝（0.05毫米）的低压聚乙烯筒状塑料袋装入段木进行灭菌。以30厘米长的段木为例，需要长度50厘米左右、装袋后直径20厘米左右的低压聚乙烯袋。太大直径的段木可先劈成数块合适大小的小段木后再行装袋。为加快菌丝生长速度，一般采用两头接种法，所以包装段木的袋子采用两端通透的塑料袋。具体装袋方法如下：

先用编织绳系好塑料袋左侧的袋口，将其直立，加入适量含水量为60%的杂木屑，铺一层在底部，再插入段木，上层再铺一层杂木屑，最后用编织绳系好另外一头。

代料灵芝培养料装袋，一般采用对折径为17.5厘米×35厘米或18厘米×37厘米，厚度5丝（0.05毫米）的耐高压聚丙烯塑料袋，通过抽真空高压灭菌，缩短灭菌时间。使用适宜大小口径的套环、透气盖子进行封口。

2. 灭菌 装袋后，根据袋子材质，选择适宜的灭菌设备和方法。低压聚乙烯袋采用常压灭菌锅，温度上升到100℃后维持12小时完成灭菌；待温度降至50℃以下，再打开灭菌锅，将灭好菌的袋子移入接种场所继续冷却、消毒，次日接种。若使用耐高压聚丙烯袋，则采用高压灭菌方法，按操作规程，在0.15兆帕压力、121℃下保持2.5小时完成灭菌，之后排气、降压、降温；灭菌时间过长将导致培养料发酸，不利于发菌；次日打开灭菌锅退炉，搬袋时注意轻拿轻放，避免弄破塑料袋。

（三）接种与发菌管理

1. 接种 接种前一天，先将接种室或接种箱清理干净，搬入灭菌后的段木袋以及接种用具，用每立方米4克的烟雾消毒剂（如“一克清”消毒剂，有效成分为二氯异氰尿酸钠，浓度27%）作熏蒸消毒处理，次日安排接种。灵芝菌种事先用高锰酸钾消毒液清洗一遍备用。选用适龄栽培种（满袋后1个月内使用），在接种室或

接种箱内进行无菌操作接种。

接种方法：用消毒后的汤匙将菌种钩出适量，放入段木表面，两头接种，之后系好口搬去发菌。一般 1 瓶栽培种可接 20 个菌袋。接种时 3 人配合，两人专门负责解开袋口、系上袋口；一人专门负责接种。要求速度快，以减少杂菌污染。每立方米段木用种量为 80～100 瓶（750 毫升）。接种同时检查菌袋有无破损，若有破损及时用透明胶密封。代料菌包接种，由于使用的是套环、盖子，只需要一头接种。目前有的企业代料栽培采用“窝口”制包，接种时拔掉中间的塑料棒，塞上木屑灵芝菌种，最后再搬到发菌房培养。

2. 发菌管理 将接种好的菌包搬入培养室控温培养，进入发菌阶段，控制温度 24～25℃，湿度 50%～60%，关灯暗培养。有层架条件的，放在层架上培养。没有层架的，放在干净地面上培养，不宜超过 3 层。培养期每天通风换气 1 小时，可分 2 次进行，上午、下午各 1 次。10 天后，通气量可适当加大。菌袋两头菌丝封面后，可微开袋口，适当增氧。上万袋菌包培养时，也可安排在大棚进行，注意控制温度，不宜超过 28℃。

灵芝菌袋经 60～70 天培养，进入生理成熟，其特征是段木表层菌丝洁白粗壮，段木之间菌丝紧密连接不易掰开，表皮指压有弹性，段木表层出现黄水，局部出现红褐色菌膜，袋口出现部分白色瘤状大小原基，此时即可准备安排脱袋埋土。代料灵芝生理成熟的表现与段木灵芝相似。

（四）出芝管理

灵芝出芝阶段主要有几种模式：林下覆土灵芝出芝、大棚埋地灵芝出芝、层架代料灵芝出芝。3 种模式出芝阶段管理略有不同。

1. 林下覆土出芝 在林下，脱袋灵芝在覆土后，在环境温度适宜的情况下，10～15 天即开始分化原基，形成小菇蕾伸出土层，进入出芝管理。

当原基大量分化时，首先在排放灵芝的畦上搭建合适长度、宽度的小拱棚，侧面与两头薄膜用石块压住，石块保持一定间距，留有适当空隙方便透气。这样就形成一个利于灵芝发育的小环境，保温、保湿。如遇高温，可打开部分薄膜通风降温，避免高温伤害原基，或长霉菌。每天上山对林下灵芝进行管理，干旱时期喷水保湿，下雨时查看积水情况、及时排涝。林下栽培紫芝，一般以采收子实体为主，不需要覆盖地膜。林下栽培赤芝，以采收子实体为主的品种，也不需要覆盖地膜；如需收集赤芝孢子粉，在原基刚破土阶段就要覆盖地膜，在破土处留出小孔让赤芝继续发育，成熟后再设法收集孢子粉。

2. 大棚埋地出芝　大棚埋地灵芝，同样根据采收子实体或采收孢子粉分类管理。只采收子实体的，在灵芝脱袋埋地后先覆盖地膜，待灵芝原基破土后割小口进行出芝管理。覆盖地膜有利于加湿阶段灵芝管理，没有覆盖地膜的大棚，喷淋加湿阶段易使土中砂粒溅到灵芝子实体表面，影响商品质量。灵芝埋土后，根据天气情况每天适当喷水保持土壤湿润，覆土层被冲刷露出段木时及时补土。监控大棚所在区域温度变化，保持棚内温度高于22℃。早、晚温差大时注意保温。中午温度高注意掀膜通风降温1～2小时，超过32℃启动喷淋系统，及时降温调控。棚内空气相对湿度保持在80%左右。菌床灵芝出蕾后，适当增加空气相对湿度至85%～90%，棚温控制在30℃以内，每天周而复始，直至灵芝达到采收标准。灵芝伸长期光照度保持在300～1 000勒克斯。同时注意控制段木灵芝出芝朵数，适当疏蕾。一袋段木留一朵出芝，促使养分集中在一朵上，形成较大朵形灵芝，提高商品性。

3. 层架代料出芝　层架代料灵芝菌包通常为横向排放，放置在具备变频空调与加湿设备的设施房内安排出芝，方便管理。出芝阶段，当夏季外界气温过高时出芝房适当降温，维持温度28～30℃、室内空气相对湿度83%～88%。秋冬季当外界气温过低时出芝房适当增温，维持温度26～28℃、室内空气相对湿度85%～90%。出芝房悬挂一定数量的粘虫黄板诱杀菇蚊、菇蝇、夜蛾类成虫，控制虫害滋生。以回收孢子粉为栽培目的时，在每个层架包裹透气纱布，便于后期收集孢子粉。具体使用多少密度的纱布需要生

产者自行筛选，没有统一的标准。以回收子实体为栽培目的时，主要做好菇蚊、菇蝇以及夜蛾类害虫的防控工作，门上安装门帘，窗户安装窗帘。有条件的生产者可以对整体层架安装防虫网罩，避免害虫在灵芝子实体上产卵，后期发生幼虫取食。

以孢子粉和子实体为采收目的的管理，注意每天的通风换气频率，保证给予灵芝充足的新鲜空气。以采收菌柄为目的的管理，如栽培鹿角灵芝，则需要减少通风，维持芝房内较高的二氧化碳浓度。

水分管理上，每天喷雾加湿 2～3 次，每次 5～10 分钟，加湿后开门窗通风透气使空间尽快自然干燥，避免高温、高湿环境滋生杂菌。

没有温控设备的出芝房里层架代料出芝管理，主要根据气温变化采取相应的管理措施。当外界气温过高时喷水降温，并加强通风换气；当外界气温过低时关闭门窗保温。同样注意做好虫害防控工作。

（五）采收与处理

灵芝子实体采收标准：灵芝菌盖不再增大，菌盖边缘或菌柄顶端鲜黄色生长线逐渐消失、转为暗红褐色时。及时采收孢子粉与子实体，做好分装，及时烘干、装袋。未及时采收会造成霉变，影响商品性状。

采收灵芝子实体，无论是采收菌盖还是鹿角灵芝的菌柄，建议用园艺修剪刀从灵芝基部剪下，保留剩余菌柄，待伤口愈合后又会长出新的灵芝子实体。较大的灵芝基部，可用小型折叠式不锈钢齿锯锯断。留柄采收法可缩短第二潮灵芝发育时间。温度、水分管理适宜情况下，第一潮采收后 2 周左右，第二潮灵芝幼蕾又会从基部长出。

灵芝子实体采收后，及时进行晒干与烘干。选择晴天将灵芝放置在竹匾上晾晒 1 周直至完全干燥。或者先晾晒 2 天、再烘干 1 天。烘干时温度控制在 55～60℃。判断干燥好的灵芝子实体标准为，将晒干或烘干好的灵芝子实体两两对敲，若梆梆作响，声音清脆而响亮，即达到标准，可包装保存。灵芝包装好后置于阴凉干燥处避光保存，一般贮存期可达1～2年。

五、病虫害防控

灵芝病虫害综合防控，把握以防为主的方针，主要注意下面几个环节：

（一）栽培环境卫生

对原料车间、制包车间、灭菌室、接种室、培养室、出芝房，以及大田遮阴棚、林下栽培环境等，保持环境卫生，清扫灰尘，净化地面；去除杂草、清理碎石等，为后期每个环节的生产做足准备。

（二）配料适宜

各地根据原辅材料采购的便捷性，结合性价比，确定栽培灵芝的主要材料、辅助材料，选择合适的配方进行栽培。麦麸添加量15%～20%，有助获得高产。段木灵芝栽培，在两端也要添加一定量的杂木屑与麦麸，促进菌丝生长、定殖。

（三）优良菌种

精心选择种源，把好菌种关。购买菌种，应到生产管理规范、检测技术强、质量信誉好的单位购买。自行制种，应选择菌丝洁白、浓密、生长旺盛、无杂菌、菌龄适宜的菌种。

（四）灭菌彻底

无论采用高压灭菌还是常压灭菌，均要确保菌包灭菌彻底，以利于后期灵芝发菌。一般高压灭菌，121℃保持2.5小时完成；常压灭菌，100℃保持12小时完成。灭菌时间不够，易导致灭菌不彻底；灭菌时间过长，培养料泛酸，不利于灵芝菌丝生长。

（五）培养管理

灵芝菌丝培养管理阶段，以暗培养为主，温度控制在 26～28℃为宜，空气相对湿度控制在 60%～65%为宜。菌包发透后的开袋出芝管理阶段，除了注意控制温度、湿度之外，还要注意虫害的防控，黄板与防虫网必不可少。病害的防控，主要注意高温、高湿，缩短高温发生时间，降低环境湿度，可减少病害发生概率。

（六）杂菌种类及防控措施

灵芝菌包常见的杂菌包括细菌、放线菌、酵母菌和其他真菌。首先进行原因分析，才能对症下药。菌包中发现杂菌，主要原因包括灭菌不彻底、接种环节污染、菌种感染等。生产者应认真分析菌包发生杂菌的种类、时间段，倒查灭菌阶段关键数据，检测菌种质量、接种环境等等，确定主要原因、次要原因，及时调整、改进防控措施。

（七）常见害虫及防治措施

灵芝栽培常见害虫有尺蛾科、谷蛾科、白蚁科昆虫，其幼虫会取食灵芝子实体、菌丝。

蛞蝓科动物，俗称鼻涕虫，为软体动物，主要取食灵芝幼嫩子实体。叶甲科害虫，幼虫取食灵芝菌丝，成虫取食幼嫩子实体。螨虫，俗称菌虱，个体极小，肉眼几乎看不见，体长 0.2～0.6 毫米，爬行快，繁殖力强，外界气温变化时经常隐藏到培养料中。螨虫可取食菌丝、子实体，尤其喜食幼蕾，为害极大。

防治措施：定期检查灵芝生长情况，一旦发现污染，应采取有效措施，如用石灰水、高锰酸钾等药剂处理，对于污染较为严重的菌包应果断清理，并在远离场地的地方深埋或烧毁，防止进一步传播；虫害的防治要注意日常观察，以积极预防为主，可在芝棚周围加盖防虫网，如发现虫害，一方面进行人工诱捕，一方面剪除有虫幼芝，避免害虫转移为害。

主要参考文献

李玉，李泰辉，杨祝良，等，2015. 中国大型菌物资源图鉴［M］. 郑州：中原农民出版社.

林志彬，2015. 灵芝的现代研究［M］.（第4版）. 北京：北京大学医学出版社.

马红梅，赵培芳，2016. 灵芝连作障碍下的自毒作用［J］. 北方园艺（6）：133-136.

宋金娣，曲绍轩，马林，2013. 食用菌病虫害识别与防治原色图谱［M］. 北京：中国农业出版社.

谭伟，2001. 短段木熟料栽培灵芝技术［J］. 四川农业科技（11）：18.

谭伟，郭勇，2002. 化学防治野蛞蝓的试验初报［J］. 四川林业科技，22（3）：27-29.

谭伟，郭勇，2002. 野蛞蝓对灵芝的危害及防治措施研究［J］. 食用菌（2）：37-38.

谭伟，张文平，叶雷，等，2020. 燃气灶灭菌栽培基质技术的应用效果研究［J］. 中国食用菌，39（12）：33-36.

谭伟，郑林用，郭勇，等，2007. 灵芝生物学及生产新技术［M］. 北京：中国农业科学技术出版社.

谭伟，周洁，黄忠乾，等，2017. 灵芝段木高效栽培技术要点及分析［J］. 四川农业科技（8）：30-33.

张金霞，蔡为明，黄晨阳，2020. 中国食用栽培学［M］. 北京：中国农业出版社.

张金霞，黄晨阳，胡小军，2012. 中国食用菌品种［M］. 北京：中国农业出版社.

周洁，张波，李小林，等，2020. 不同覆土材料对段木栽培灵芝产量及品质的影响［J］. 中国食用菌，39（11）：26-30.

附 录

一、食用菌生产场所常用消毒剂和使用方法

名　称	使用方法	适用对象
乙醇	75%，浸泡或涂擦	接种工具、子实体表面、接种台、菌种外包装、接种人员的手等
高锰酸钾/甲醛	高锰酸钾每平方米 5 克+37%甲醛溶液每立方米 10 毫升，加热熏蒸，密闭 24～36 小时，开窗通风	培养室、无菌室、接种箱
高锰酸钾	0.1%～0.2%，涂擦	接种工具、子实体表面、接种台、菌种外包装等
酚皂液（来苏儿）	0.5%～2.0%，喷雾	无菌室、接种箱、栽培房及床架
	1%～2%，涂擦	接种人员的手等皮肤
	3%，浸泡	接种器具
苯扎溴氨溶液（新洁尔灭）	0.25%～0.50%，浸泡、喷雾	接种人员的手等皮肤、培养室、无菌室、接种箱，不应用于器具消毒

（续）

名　称	使用方法	适用对象
漂白粉	1%，现用现配，喷雾	栽培房和床架
	10%，现用现配，浸泡	接种工具、菌种外包装等
硫酸铜/石灰	硫酸铜1克＋石灰1克＋水100克，现用现配，喷雾，涂擦	栽培房、床架

二、国家禁止在食用菌生产中使用的农药目录

类　别	名　称
有机氯类	六六六、滴滴涕、毒杀芬、艾氏剂、狄氏剂、硫丹
有机磷类	甲胺磷、甲基对硫酸、对硫酸、久效磷、磷胺、甲拌磷、甲基异柳磷、特丁硫磷、甲基硫环磷、治螟磷、灭线磷、蝇毒磷、地虫硫磷、苯线磷、磷化钙、磷化镁、磷化锌、硫线磷、水胺硫磷、氧乐果、三唑啉
有机氮类	杀虫脒、敌枯双
氨基甲酸酯类	克百威、灭多威
除草剂类	除草醚、氯磺隆、胺苯磺隆单剂、胺苯磺隆复配制剂、甲磺隆单剂、甲磺隆复配制剂
其他	二溴氯丙烷、二溴乙烷、溴甲烷、汞制剂、砷类、铅类、氯乙酰胺、甘氟、毒鼠强、氟乙酸钠、毒鼠硅、氟虫腈、毒死蜱、福美胂和福美甲胂

注：来源中华人民共和国农业农村部公告　第736号《禁限用农药名录（2023）》

彩图 1-1　赤　芝

彩图 1-2　紫　芝

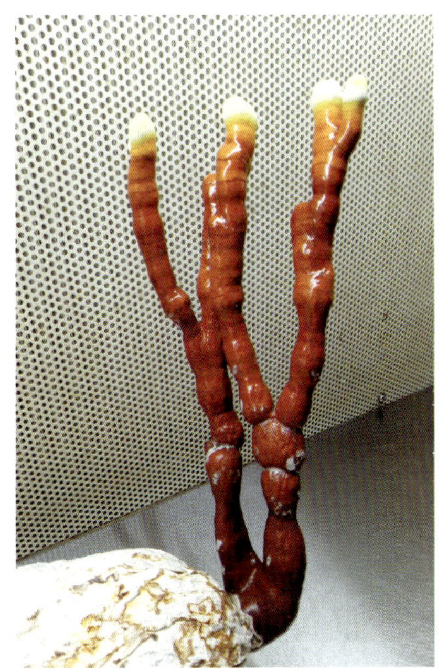

彩图 1-4　灵芝泰山 -4（鹿角灵芝）

彩图 1-3　白肉灵芝

彩图 1-5　灵芝盆景

彩图 2-1　灵芝菌落

彩图 2-2　灵芝子实体

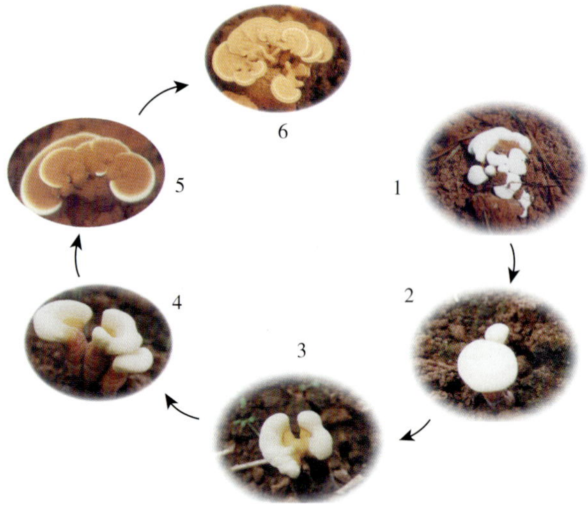

彩图 2-3　灵芝子实体生长发育过程

1. 瘤状芝蕾分化　2. 芝柄伸长　3、4. 芝盖形成　5、6. 子实体成熟

（谭伟等，2007）

彩图 3-1　金地灵芝

彩图 3-2　灵芝 G26

彩图 3-3　川芝 6 号

彩图 3-4　川圆芝 1 号

彩图 3-5　攀芝 1 号

彩图 3-6　攀芝 2 号

彩图 3-7　康定灵芝

彩图 3-8　蜀芝 2 号

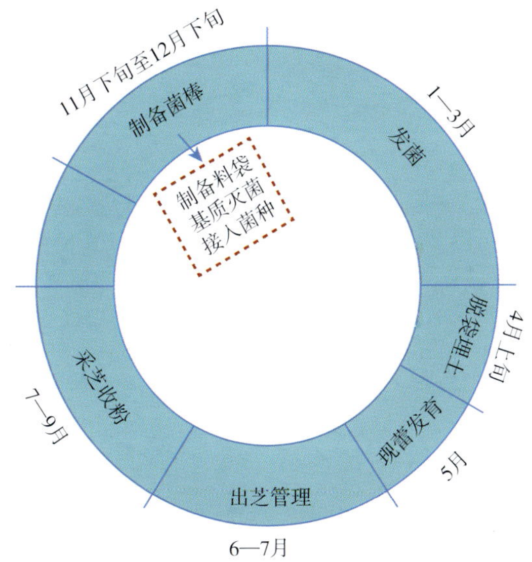

彩图 3-9　四川灵芝段木栽培季节安排

彩图 3-10　圆盘电锯

彩图 3-11　锅炉产生蒸汽以灭菌料袋

彩图 3-12　发菌棚

彩图 3-13　出芝棚外部遮阳平棚

彩图 3-14　遮阳平棚内设塑料膜拱棚

彩图 3-15　青冈树树干及枝丫

彩图 3-16　电锯截树干成短段木

彩图 3-17　装袋作业

彩图 3-18　持续保温灭菌料袋

彩图 3-19　配合接种操作

彩图 3-20　菌袋上堆发菌

彩图 3-21　灵芝菌丝蔓延基质

彩图 3-22　灵芝菌丝即将布满基质

彩图 3-23　菌棒污染杂菌

彩图 3-24　芝木覆土

彩图 3-25　芝芽形成并开始伸长

彩图 3-26　孢子粉散落于菌床薄膜上

彩图 3-27　芝盖和床膜上堆积大量孢子粉

彩图 3-28　芝盖上和套筒内堆积大量孢子粉

彩图 3-29　用剪子夹断芝柄

彩图 3-30　刷取芝盖上孢子粉

彩图 3-31　给子实体套筒

彩图 3-32　芝体置入烤箱中干燥

彩图 3-33　阳光照射晾晒孢子粉

彩图 3-34　生霉子实体

彩图 4-1　驻芝 1 号

彩图 4-2　黄山 8 号

彩图 4-3　高垄种植段木灵芝

彩图 4-4　遮阴平棚

彩图 4-5　塑料大棚

彩图 4-6　中拱棚

彩图 4-7　小拱棚

彩图 4-8　双拱棚骨架

彩图 4-9　修整后的段木

彩图 4-10　料袋堆码

彩图 4-11　测量菌堆温度

彩图 4-12　增加散射光促进菌丝成熟

彩图 4-13　芝棒墙式码放炼棒

彩图 4-14　排场覆土

彩图 4-15　芝棒不完全脱袋覆土

彩图 4-16　芝棒全脱袋覆土

彩图 4-17　瘤状原基

彩图 4-18　菌柄伸长

彩图 4-19　菌盖开始分化

彩图 4-20　菌盖扩展

彩图 4-21　孢子粉遇水结块

彩图 4-22　灵芝成熟

彩图 4-23　二茬灵芝生长点

彩图 4-24　第二年一茬灵芝

彩图 4-25　灵芝采收

彩图 4-26　中小拱棚用地膜法收集孢子粉

彩图 5-1　泰山赤灵芝 1 号子实体

彩图 5-2　立体墙式代料栽培

彩图 5-3　墙式覆土立体代料栽培

彩图 5-4　层架网格立体代料栽培

彩图 5-5　代料栽培灵芝原基

彩图 5-6　代料栽培灵芝开片

彩图 5-7　代料栽培子实体成熟

彩图 5-8　代料栽培灵芝实体释放孢子粉

彩图 6-1　灵芝栽培用短段木

彩图 6-3　芝棒覆土作业

彩图 6-2　蒸汽发生炉罩膜灭菌料袋

彩图 6-4　芝柄伸长生长

彩图 6-5　芝盖扩展生长

彩图 6-6　套筒采集孢子粉

彩图 6-7　子实体干燥时摆放

彩图 7-1　荫棚的搭盖

彩图 7-2　小拱棚的搭盖

彩图 7-3　料袋发菌

彩图 8-1　灵芝出芝拱棚

彩图 8-2　拱棚内出芝菌床

彩图 8-3　原材料木杆

彩图 8-4　捆扎木段

彩图 8-5　布满灵芝菌丝的菌段

彩图 8-6　菌段竖直摆放菌床中

彩图 8-7　幼芝伸长生长形成芝柄

彩图 8-8　疏芝后个大均匀

彩图 8-9　利用风机收集孢子粉

彩图 9-1　沪芝 1 号

彩图 9-2　仙芝楼 S3

彩图 9-3　武芝 2 号

彩图 9-4　山地搭棚出芝

彩图 9-5　林下栽培出芝

彩图 9-6　室内层架出芝